세상에서 가장 쉬운 과학 수업

# 반도체 혁명

세상에서 가장 쉬운 과학 수업
# 반도체 혁명

ⓒ 정완상, 2024

**초판 1쇄 인쇄** 2024년 7월 21일
**초판 1쇄 발행** 2024년 8월 01일

**지은이** 정완상
**펴낸이** 이성림
**펴낸곳** 성림북스

**책임편집** 노은정
**디자인** 쏘울기획

**출판등록** 2014년 9월 3일 제25100-2014-000054호
**주소** 서울시 은평구 연서로3길 12-8, 502
**대표전화** 02-356-5762
**팩스** 02-356-5769
**이메일** sunglimonebooks@naver.com

ISBN 979-11-93357-31-6　03400

노벨상 수상자들의 **오리지널 논문**으로 배우는 과학

세상에서 가장 쉬운 과학 수업

# 반도체 혁명

정완상 지음

**반도체 소재의 발견부터 트랜지스터의 발명까지**
**반도체 물리학에 혁명의 바람을 몰고 온 이론들과 그 과학자들!**

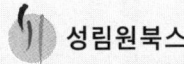
성림원북스

# CONTENTS

# 만남에 덧붙여 / 223

# 과학을 처음 공부할 때 이런 책이 있었다면 얼마나 좋았을까

남순건(경희대학교 이과대학 물리학과 교수 및 전 부총장)

21세기를 20여 년 지낸 이 시점에서 세상은 또 엄청난 변화를 맞이하리라는 생각이 듭니다. 100년 전 찾아왔던 양자역학은 반도체, 레이저 등을 위시하여 나노의 세계를 인간이 이해하도록 하였고, 120년 전 아인슈타인에 의해 밝혀진 시간과 공간의 원리인 상대성이론은 이 광대한 우주가 어떤 모습으로 만들어져 왔고 앞으로 어떻게 진화할 것인가를 알게 해주었습니다. 게다가 우리가 사용하는 모든 에너지의 근원인 태양에너지를 핵융합을 통해 지구상에서 구현하려는 노력도 상대론에서 나오는 그 유명한 질량-에너지 공식이 있기에 조만간 성과가 있을 것이라 기대하게 되었습니다.

앞으로 올 22세기에는 어떤 세상이 될지 매우 궁금합니다. 특히 인공지능의 한계가 과연 무엇일지, 또한 생로병사와 관련된 생명의 신비가 밝혀져 인간 사회를 어떻게 바꿀지, 우주에서는 어떤 신비로움이 기다리고 있는지, 우리는 불확실성이 가득한 미래를 향해 달려가고 있습니다. 이러한 불확실한 미래를 들여다보는 유리구슬의 역할을 하는 것이 바로 과학적 원리들입니다.

지난 백여 년간의 과학에서의 엄청난 발전들은 세상의 원리를 꿰뚫어보았던 과학자들의 통찰을 통해 우리에게 알려졌습니다. 이런 과학 발전을 가능하게 한 영웅들의 생생한 숨결을 직접 느끼려면 그들이 썼던 논문들을 경험해보는 것이 좋습니다. 그런데 어느 순간 일반인과 과학을 배우는 학생들은 물론, 그 분야에서 연구를 하는 과학자들마저 이런 숨결을 직접 경험하지 못하고 이를 소화해서 정리해놓은 교과서나 서적들을 통해서만 접하고 있습니다. 창의적인 생각의 흐름을 직접 접하는 것은 그런 생각을 했던 과학자들의 어깨 위에서 더 멀리 바라보고 새로운 발견을 하고자 하는 사람들에게 매우 중요합니다.

저자인 정완상 교수가 새로운 시도로써 이러한 숨결을 우리에게 전해주려 한다고 하여 그의 30년 지기인 저는 매우 기뻤습니다. 그는 대학원생 때부터 당시 혁명기를 지나면서 폭발적인 발전을 하고 있던 끈 이론을 위시한 이론물리학 분야에서 가장 많은 논문을 썼던 사람입니다. 그리고 그러한 에너지가 일반인들과 과학도들을 위한 그의 수많은 서적을 통해 이미 잘 알려져 있습니다. 저자는 이번에 아주 새로운 시도를 하고 있고 이는 어쩌면 우리에게 꼭 필요했던 것일 수 있습니다. 대화체로 과학의 역사와 배경을 매우 재미있게 설명하고, 그 배경 뒤에 나왔던 과학 영웅들의 오리지널 논문들을 풀어간 것입니다. 과학사를 들려주는 책들은 많이 있으나 이처럼 일반인과 과학도의 입장에서 질문하고 이해하는 생각의 흐름을 따라 설명한 책은 없습니다. 게다가 이런 준비를 마친 후에 아인슈타인 같은 영웅들의 논문을 원래의 방식과 표기를 통해 설명하는 부분은 오랫동안 과학을 연구해온 과학자에게도 도움을 줍니다.

이 책을 읽는 독자들은 복 받은 분들일 것이 분명합니다. 제가 과학을 처음 공부할 때 이런 책이 있었다면 얼마나 좋았을까 하는 생각이 듭니다. 정완상 교수는 이제 새로운 형태의 시리즈를 시작하고 있습니다. 독보적인 필력과 독자에게 다가가는 그의 친밀성이 이 시리즈를 통해 재미있고 유익한 과학으로 전해지길 바랍니다. 그리하여 과학을 멀리하는 21세기의 한국인들에게 과학에 대한 붐이 일기를 기대합니다. 22세기를 준비해야 하는 우리에게는 이런 붐이 꼭 있어야 하기 때문입니다.

# 물리학의 발전을 깨닫게 되며 얻는
# 통쾌함과 두근거림!

정형식(EBS 강사, 하나고 물리학 교사)

2023년 12월 10일, '가장 짧은 수간'인 아토초(100경분의 1초) 펄스광을 포착하는 전자동역학적 실험 방법을 고안한 물리학자 피에르 아고스티니, 페렌츠 크라우스, 앤 륄리에, 이렇게 세 분이 노벨 물리학상을 받았습니다. 저 역시 스웨덴으로 가서 물리학상을 받은 세 분 교수님들로부터 물리학 특강을 직접 들을 수 있었습니다. 강의를 들으며, 우리가 알고 있는 수많은 물리 이야기의 대부분이 노벨상과 관련될 수 있다고 생각했습니다. 특히 최근의 물리를 알려면 노벨상을 빼고 이야기하기는 어렵고, 이러한 업적들을 가장 잘 이해하는 것은 결국 논문입니다. 우리 학생들이 물리의 발전을 이끌었던 논문들을 생생하게 접할 수 있으면 좋겠다고 생각하던 차에 제 마음을 읽은 것처럼 멋진 책이 나왔기에 단숨에 읽었습니다.

특히 이 책은 지금 컴퓨터의 시대를 살아가고 있는 우리에게 있어서 매우 익숙한 단어, 반도체에 관한 이야기와 그 연구에 관한 이야기입니다. 고등학교 물리학 교과서에서도 등장하는 내용이 바로 반도체입니다. 전류가 잘 흐르는 도체, 전류가 잘 흐르지 않는 부도체 사이에서 전류가 애매하게 흐르는 이 반도체가 우리 실생활에 막강한 영향력을 끼치게 된 것은 바로 진공관을 대체하여 증폭작용과 스위칭작용을 했던 트랜지스터의 발명 때문이었습니다. 트랜지스터를 발명한 삼총사로 불리는 바딘, 브래튼, 쇼클리 박사님들의 생생한 이야기와 관련 논문들에 대한 설명을 흥미롭게 읽게 되었습니다.

첫 번째 만남에서는 반도체를 발견하기까지 다양한 소재들에 관한 이야기를 들려줍니다. 합금 연구로 노벨상을 받은 기욤 박사님으로부터 출발해서, 반도체의 대표적 소재인 실리콘을 분리해내기 위해 50년 동안 피나는 노력을 했던 다양한 물리학자들의 이야기를 통해 반도체 소재가 얼마나 많은 사람의 열정을 통해 구해졌는지를 재미있게 알게 되었습니다. 또한 다이아몬드를 닮은 지르코니아, 1800년대 후반부터 이미 액정 연구는 시작되었지만 결국 100년이 넘게 지나서야 액정 연구로 노벨상을 받게 된 물리학자 드 젠의 이야기, 수많은 고체가 신기하게도 그 종류에 상관없이 아주 높은 온도에서 일정한 값을 가지게 되는 고체의 몰비열 이야기로부터 결국 광자의 아이디어에서 진동을 하나의 입자로 바라보았던 아인슈타인의 포논 개념으로 이를 해결해 양자역학이 고체물리에 적용된 이야기, 1869년 멘델레예프가 주기율표를 만들면서 실리콘과 주석 사이에 위치한 공백을 메꿀 원소를 예측하고, 그로부터 15년이 지나고 그 빈칸에서 발견된 저마늄의 이야기까지를 다루고 있습니다.

두 번째 만남에서는 MRI의 기본 원리인 핵자기 공명 연구를 통해

세상에서 가장 쉬운 과학 수업 반도체 혁명

노벨상을 받은 블로흐, 스핀에 대한 아이디어를 처음 생각하고도 파울리의 비판 때문에 논문을 내지 못해 그 아이디어를 뺏긴 크로니크 이야기, 원자폭탄을 만드는 맨해튼 프로젝트에 참여해 활동했던 페니 이야기, 마지막으로 도체, 반도체, 부도체의 원리를 전자의 에너지 밴드로 설명했던 윌슨 이야기를 통해 반도체 내부에서 과잉전자나 정공이 어떻게 힘을 받아 움직인다고 표현하는지에 대해 다루고 있습니다. 신기하게도 전자가 튀어나가서 빈자리인 정공을 유효질량으로 표현하여 정공이 받는 힘에 대하여 설명하고 있습니다.

세 번째 만남에서는 고전 물리학을 전혀 참조하지 않고 자신만의 아이디어로 플랑크의 양자 복사 법칙을 설명하는 논문을 썼지만, 출판을 거절당한 보즈를 만나게 됩니다. 보즈는 이에 굴하지 않고, 자신의 논문을 아인슈타인에게 직접 보내 아인슈타인에게 인정을 받아 결국 논문 제출에 성공하고 나아가 보존 입자의 상태를 설명하는 아인슈타인-보즈 통계이론까지 발전시키게 됩니다. 또한 페르미온 입자의 상태를 설명하는 페르미-디랙 통계이론까지 설명하며 양자통계역학 이야기를 소개해주고 있습니다.

마지막 만남에서 독자들은 비로소 반도체 물리학의 진수를 만나게 됩니다. 진공관 시대의 막을 내리고 트랜지스터 시대를 열게 한 켈리, 바딘, 쇼클리, 브래튼의 이야기로부터 pnp, npn형 트랜지스터 원리에 관한 이야기, 이로부터 더 성능이 좋아 전자산업의 꽃을 피웠던 MOSFET 트랜지스터 이야기까지 소개합니다. 특히 이 MOSFET 발명에는 우리나라 강대원 박사도 혁혁한 공로를 세우게 되며, 우리들의 어깨를 으쓱하게 하기도 합니다.

이 책의 독자들 역시 저처럼 책장을 넘기면서 논문 하나하나를 알아가며 물리의 발전을 깨닫게 되며 얻는 통쾌함과 두근거림을 느낄 수 있을 것입니다. 또한 나아가 독자들이 실제 논문을 읽어가며 이 책을 다시 읽는 것도 정말 멋진 도전이라고 생각합니다.

# 천재 과학자들의 오리지널 논문을
# 이해하게 되길 바라며

저는 2004년부터 지금까지 주로 초등학생을 위한 과학·수학 도서를 써왔습니다. 초등학생을 위한 책을 쓰면서 아주 즐겁지만, 한편으로 수학을 사용하지 못하는 점이 매우 아쉬웠습니다. 그래서 수식을 사용할 수 있는 일반인 대상 과학책을 써볼 기회가 저에게도 주어지기를 희망해왔습니다.

저는 1992년 KAIST(한국과학기술원)에서 이론물리학의 한 주제인 『초중력이론』으로 박사 학위를 받고 운 좋게도 1992년 30세의 나이에 교수가 되어 현재까지 경상국립대학교 물리학과에서 교수로 근무하고 있습니다. 저는 매년 20여 편 이상의 논문을 수학이나 물리학의 세계적인 학술지 『SCI 저널』에 게재합니다. 여가 시간에는 취미로 집필 활동을 합니다.

그동안 일반인 대상의 과학서적들은 독자들이 수학 꽝이라고 생각하고 수식을 너무 피해 가는 것 아닌가 하는 생각이 들었습니다. 저는 일반인 독자들의 수준도 매우 높아졌고 수학을 피해 가지 말고 그들도 천재 과학자들의 오리지널 논문을 이해하면서 앞으로 도래할 양자(퀀텀)의 시대와 우주여행의 시대를 멋지게 맞이할 수 있게 도움을 줄 거라는 생각에서 이 시리즈를 기획해보았습니다.

여기서 제가 설정한 일반인은 고등학교 수학이 기억나는 사람을 말합니다. 그동안 양자역학과 상대성이론에 관한 책은 전 세계적으로 헤아릴 수 없을 정도로 많이 출간됐고 앞으로도 계속 나오게 되겠지요. 대부분의 책들은 수식을 피하고 양자역학이나 상대성이론과 관련된 역사 이야기들 중심으로 쓰여 있어요.

이 시리즈는 많은 일반인에게 도움을 줄 수 있다고 생각합니다. 선행학습을 통해 고교수학을 알고 있는 초·중등 과학영재, 현재 고등학생이면서 이론물리학자가 꿈인 학생, 현재 이공계열 대학생으로 양자역학과 상대성원리를 좀 더 알고 싶은 사람, 아이들에게 위대한 물리 논문을 소개해주고 싶은 초·중·고 과학 선생님들, 전기·전자 소자, 반도체, 양자 관련 소자나 양자 암호시스템과 같은 일에 종사하는 직장인, 우주·항공 계통의 일에 종사하는 직장인, 양자역학과 상대성이론을 좀 더 알고 싶어 하는 실험물리학자, 어릴 때부터 수학과 과학을 사랑했던 직장인(특히 양자역학이나 상대성이론에 의한 우주이론에 관심 있는 직장인), 이론물리학자가 되고 싶어 하는 자녀를 둔 부모, 양자역학이나 상대성이론에 의한 우주이론을 통해 「인터스텔라」를 능가하는 영화를 만들고 싶어 하는 영화제작자, 양자역학이나 상대성이론에 의한 우주이론을 통해 웹툰을 만들고자 하는 웹튜너 등 많은 사람이 제가 이 시리즈를 추천하고 싶은 일반인들입니다.

저는 이 책에서 고등학교 정도의 수식을 이해하는 일반인들에게 초점을 맞추었습니다. 물론 이 시리즈의 논문에 고등학교 수학을 넘어서는 수학도 사용되지만 고등학교 수학만 알면 이해할 수 있도록

세상에서 가장 쉬운 과학 수업 반도체 혁명

설명했습니다. 이 책을 읽고 독자들이 천재 과학자들의 오리지널 논문을 얼마나 이해할지는 개인에 따라 다를 거로 생각합니다. 책을 다 읽고 100% 이해하는 독자도 있을 거고, 70% 이해하는 독자도 있을 거고, 30% 미만으로 이해하는 독자도 있을 거로 생각합니다. 제 생각으로 이 책의 30% 이상 이해한다면 그 독자는 대단하다는 생각이 듭니다.

이 책에서 저는 아인슈타인의 고체비열, 보즈와 페르미의 새로운 통계에 대한 논문, 바딘과 브래튼의 점접촉 트랜지스터 발명에 관한 논문을 다루었습니다. 이 책을 쓰기 위해 관련 논문을 수십 번 읽고 또 읽고, 어떻게 이 어려운 논문을 일반인들에게 알기 쉽게 설명할까 고민, 또 고민했습니다. 이 논문들은 물리학과 대학원에서 다루는 정도의 수준입니다. 저는 일반인들을 위한 책을 쓴다는 생각에, 논문 가운데 일반인들이 꼭 알아야 할 내용만을 짚어내어 친절하게 다루어 보았습니다. 전문가들을 위한 해설은 언젠가 다른 기획이 나온다면 그때 집필할 예정입니다.

이 책은 트랜지스터 발명의 역사를 다루고 있습니다. 고체 물질은 도체, 반도체, 부도체로 나뉠 수 있는데, 실리콘과 저마늄 같은 4족 원소들은 반도체입니다. 이 책은 반도체를 이용해 트랜지스터 혁명을 이끌어낸 바딘, 쇼클리, 브래튼의 이야기를 다루었습니다. 그러기 위해 고체에 관한 연구의 역사, 에너지 밴드 이론의 역사, 새로운 통계인 보존 통계과 페르미온 통계의 역사를 다루었습니다. 그리고 반도체를 이용한 트랜지스터가 나오기 전, 가전제품을 만드는 데 크게 이바지한 진공관의 역사도 다루었습니다. 수식을 줄인다고 줄여보았지만 내용이 내용인지라 약간의 수식이 도입되었습니다. 이 책을 통해 현대 문명에서 가장 중요한 역할을 하는 반도체 소자들이 어떻게 탄생했는지를 알아볼 수 있으리라 생각합니다.

일반인들은 과학, 특히 물리학 하면 '넘사벽'이라고 생각합니다. 제가 외국 사람들을 만나서 얘기할 때마다 느끼는 점은 그들은 고등학교까지 과학을 너무 재미있게 배웠다는 사실입니다. 그래서인지 과학에 대해 상당히 많이 알고 있는 일반인들이 많았습니다. 그래서 노벨 과학상도 많이 나오는 게 아닐까 생각해요. 한국은 노벨 과학상 수상자가 한 명도 없는 나라입니다. 이제 일반인의 과학 수준을 높여 노벨 과학상 수상자가 매년 나오는 나라가 되었으면 하는 게 제 소망입니다. 일반인들의 과학 수준이 높아지면 교수들이 연구를 게을리하는 일은 없어지지 않을까요?

끝으로 용기를 내서 이 책의 출간을 결정해준 성림원북스의 이성림 사장과 직원들에게 감사를 드립니다. 이 책의 초안이 나왔을 때, 수식이 많아 출판사들이 꺼릴 것 같다는 생각을 많이 가졌습니다. 성림원북스를 시작으로 몇 군데 출판사에 출판을 의뢰한 후 거절당하면 블로그에 올릴 생각으로 글을 써 내려갔습니다. 놀랍게도 첫 번째로 이 원고에 대해 이야기를 나눈 성림원북스에서 이 책의 출간을 결정해주어 책이 나올 수 있게 되었습니다. 이 책을 쓰는 데 필요한 프랑스 논문의 번역을 도와준 아내에게도 고마움을 표합니다. 그리고 이 책을 쓸 수 있도록 멋진 논문을 만든 고(故) 디랙 박사님에게도 감사드립니다.

진주에서 정완상 교수

# 트랜지스터 발명을 가져온 삼총사는 누구?
_ 노벨 물리학상 받은 킬비 박사 깜짝 인터뷰

## 트랜지스터란 무엇일까?

기자   오늘은 반도체 집적회로 발명으로 2000년에 노벨 물리학상을 받은 잭 S. 킬비(Jack S. Kilby) 박사님을 모시고 트랜지스터 발명자인 바딘, 브래튼, 쇼클리에 관해 이야기를 나누겠습니다. 킬비 박사님, 나와주셔서 감사합니다.

킬비   제가 노벨상을 받을 수 있었던 건 트랜지스터를 발견한 바딘, 브래튼, 쇼클리 박사님 덕분입니다. 그러니 만사를 제치고 달려와야지요.

기자   세 분의 과학자를 일컬어 '트랜지스터를 발명한 삼총사'라고 하는데, 그 이유는 무엇인지요?

킬비   트랜지스터는 벨 연구소에서 발명되었습니다. 최초의 트랜지스터는 1947년 12월 17일 바딘과 브래튼이 발명한 점접촉 트랜지스터입니다. 그 뒤를 이어 쇼클리가 새로운 형태의 트랜지스터인 접합형 트랜지스터를 발명했지요. 그래서 이 세 사람을 '트랜지스터 발명의 삼총사'라고 부릅니다. 이 세 사람은 트랜지스터의 발명으로 노벨 물리학상을 공동 수상하지요.

기자　　그렇군요. 한데 트랜지스터란 무엇인가요?

킬비　　트랜지스터는 바뀜을 뜻하는 'trans'와 저항을 뜻하는 'resistor'를 합쳐서 만든 단어입니다. 트랜지스터는 전자회로에서 전류의 증폭이나 스위칭을 담당하는 소자입니다.

기자　　전류의 증폭을 담당하는 것으로는 트랜지스터가 처음인가요?

킬비　　그렇지는 않습니다. 트랜지스터 이전에는 진공관을 사용했는데 진공관은 느리고 전력 소모가 많았지요. 게다가 진공관의 가장 큰 문제점은 너무 거대하다는 거였습니다. 초창기 컴퓨터의 크기가 큰 것도 부품으로 사용하는 진공관의 부피가 너무 컸기 때문이에요. 그래서 반도체를 이용해 좀 더 크기가 작으면서 더 편리한 증폭 담당 소자로 개발된 것이 트랜지스터이지요.

기자　　이제 좀 이해가 되는군요. 최초의 트랜지스터를 발명한 바딘과 브래튼의 1947년 논문에는 어떤 내용이 담겨 있나요?

킬비　　바딘과 브래튼은 반도체 단결정 덩어리의 바닥에 베이스(base) 전극을 접합하고, 결정의 윗부분에 2개의 작은 금속 탐침으로 이미터(emitter)와 컬렉터(collector) 전극을 접촉시킨 점접촉 트랜지스터를 발명했어요. 이것은 입력 신호를 100배로 증폭시키는, 최초로 개발된 반도체 트랜지스터입니다.

기자　　어떤 장치인지 잘 모르겠어요.

정교수　　바딘과 브래튼은 n형 저마늄 반도체를 금속판 위에 올려놓고, 저마늄의 표면에 두 개의 분리된 미세한 전극을 만들기 위해 삼각형 모양의 절연체 물질(유리 또는 플라스틱)을 활용했어요. 삼각형 모양으로 된 두 개의 면에 얇은 금박 막을 붙여주고, 삼각형의 꼭짓점 부분에서는 두 개의 금박이 서로 떨어지게 함으로써, 두 개로 분리되어 있는 미세한 금속 전극을 만들 수 있었지요. 그들은 제작된 두 개의 금박 전극을 저마늄 표면에 스프링을 이용하여 적당한 힘으로 눌러 접촉시켰어요. 이때 두 개의 금박 전극은 각각 이미터 전극과 콜렉터 전극으로 활용될 수 있었고 베이스 전극은 저마늄을 올려놓은 금속판을 이용하여 구성했어요.

## 트랜지스터 발명이 가져온 변화

기자 삼각형 모양 구조체의 역할은 뭐죠?

킬비 단순히 이미터 전극과 콜렉터 전극을 지탱하게 해주기 위한 틀일 뿐 다른 역할은 없어요. 바딘과 브래튼은 베이스 전극의 전류를 제어함으로써 이미터 전극과 콜렉터 전극 사이에 전류의 양을 조절할 수 있었어요. 즉, 이미터 전극으로는 약한 전류를 흘려보냈는데 콜렉터 전극에서는 강한 전류가 흘렀지요.

기자 전류가 증폭되었네요.

킬비 맞아요. 그들은 이렇게 3개의 독립되어 있는 접촉 전극을 가진 최초의 트랜지스터를 발명했지요.

기자 이미터, 베이스, 콜렉터의 역할은 뭐죠?

킬비 이미터는 작은 전류를 흘려보내는 역할을 한다고 생각하면 되고 베이스는 이미터에서 흘러들어 온 전류를 조절하는 역할을 합니다. 콜렉터는 증폭된 전류를 만드는 곳이고요. 이렇게 트랜지스터는 세 개의 전극으로 이루어져 있지요.

기자 그렇군요.

기자 트랜지스터 발명은 어떤 변화를 가져왔나요?

킬비 트랜지스터 발명 이전에는 진공관을 사용했습니다. 그런데 진공관은 덩치도 크고 수명도 짧고 전력을 많이 소비하는 단점이 있었습니다. 그런데 트랜지스터가 진공관을 대치하면서 이 단점들이 모두 보완되었지요. 트랜지스터를 가전제품에 사용하기 시작하면서 가전제품들이 소형화되기 시작했으니까요.

기자 트랜지스터가 컴퓨터와도 관련 있나요?

킬비 초기의 컴퓨터는 진공관을 이용해 만들었습니다. 당연히 덩치도 크고 기능도 떨어지지요. 하지만 트랜지스터의 스위칭 기능을 이용하면 0과 1이라는 신호를 만들 수 있습니다. 이 두 개의 신호를 조합하면 다양한 연산이 가능해지는데, 이 기능 덕분에 현대적인 컴퓨터들이 만들어지기 시작했지요.

기자 그렇군요. 지금까지 트랜지스터를 발명한 세 명의 물리학자에 대해 킬비 박사님과 이야기를 나누어 보았습니다.

첫 번째 만남

# 반도체 소재의 발견

## 가지가지 고체 _ 금속, 광물, 세라믹으로 불리는 고체들

**정교수**  물질의 상태는 고체, 액체, 기체의 세 가지야.[1] 물질의 세 가지 상태에 대해 처음으로 생각한 사람은 고대 그리스의 탈레스(Thales of Miletus, BC 624(?)~BC 548(?))이지. 탈레스는 이 세상의 모든 물질은 물로 이루어져 있다고 생각했어. 그는 물의 세 가지 상태를 생각했는데, 바로 물의 고체 상태인 얼음, 액체 상태인 물, 기체 상태인 수증기야. 탈레스는 물질의 세 가지 상태는 서로 변환될 수 있다고 생각했어. 즉 얼음이 녹으면 물이 되는데, 이것은 고체가 액체가 되는 과정이지.

고체의 속성을 알게 되는 것은 중세 시대에 들어와 돌턴의 원자설과 아보가드로의 분자설이 나온 후이다. 우리는 금속, 광물, 세라믹 등으로 불리는 고체들을 흔하게 볼 수 있다. 이제 이들의 차이에 대해 알아보자.

먼저 금속에 대해 알아보면, 고체 중에서 철이나 구리와 같은 금속은 고대로부터 무기나 장신구로 이용되어왔다. 금속은 광택이 나고, 전기와 열을 잘 전달하며, 판처럼 얇게 펼 수도 있고, 가는 실로 뽑을 수 있는 성질을 지닌다. 금속은 금속 원자들이 주기적으로 배열되어 있는 구조를 이룬다.

---

1) 최근에는 물질의 '제4의 상태'로 플라스마 상태를 다룬다.

세상에서 가장 쉬운 과학 수업 반도체 혁명

철과 알루미늄은 가장 일반적으로 사용되는 구조용 금속이다. 이 두 금속은 지각에서 가장 많은 금속이다. 철은 최대 2.1%의 탄소를 포함하는 합금인 강철의 형태로 가장 일반적으로 사용된다. 강철은 순수한 철보다 훨씬 더 단단하다.

서로 다른 금속을 섞어 만든 것을 합금이라고 하는데, 프랑스의 기욤은 합금에 관한 연구로 노벨 물리학상을 받았다.[2]

샤를 에두아르 기욤(Charles Édouard Guillaume, 1861~1938, 스위스, 1920년 노벨 물리학상 수상)

기욤은 스위스의 플뢰리에(Fleurier)에서 태어났다. 그는 스위스 최고 명문 대학인 취리히 연방 공과대학(ETH Zurich)에서 1883년에 박사 학위를 받았다. 기욤은 1897년에 철 63.5%에 니켈 36.5%를

---

2] Charles Edouard Guillaume(1919), "The Anomaly of the Nickel-Steels", Proceedings of the Physical Society of London. 32(1): pp. 374~404.

첨가한 합금을 발견했다. 이 합금은 열팽창계수가 아주 작아서 정밀 측정기계, 광학기계의 부품, 시계의 부품을 만드는 데 사용된다. 이 합금은 변하지 않는다는 뜻을 가진 '인바(invar)'라고 불렸다. 기욤은 또 1919년에 철 52%, 니켈 36%, 크롬 12%를 섞은 새로운 합금 '엘린바(elinvar)'를 발견했다. 엘린바는 탄성이 강해서 시계의 태엽 등에 이용되기 시작했고, 이로 인해 시간 측정이 더욱 정교해졌다. 인바와 엘린바의 발견으로 그는 1920년 노벨 물리학상을 받았고, 프랑스 정부로부터는 레지옹 도뇌르 훈장을 받았다.

**물리양** 합금을 만든 업적으로 노벨 물리학상을 받았다는 건 처음 알았어요.

**정교수** 물리학의 범위는 굉장히 넓으니까. 이번에는 광물에 대해 알아볼게. 광물은 높은 압력에서 지질학적인 과정을 통해 만들어진 고체야. 광물은 화학적 조성이 일정해 일정한 화학식으로 나타낼 수 있어. 광물은 대부분 결정을 이루고 있어. 지각을 이루는 광물로는 석영, 장석, 운모, 방해석, 감람석, 각섬석 등이 있지.

**물리양** 보석들은 모두 광물인가요?

**정교수** 그렇지는 않아. 산호, 상아, 진주는 보석이지만 광물

석영

세상에서 가장 쉬운 과학 수업 반도체 혁명

은 아니거든. 이제 세라믹에 대해 알아볼까?

세라믹은 점토와 같은 비금속 재료를 성형한 후 고온에서 소성하여 만든 고체를 말한다. 세라믹의 대표적인 예로는 토기, 도자기, 벽돌 등이 있다.

기원전 2500년경의 도자기

세라믹이라는 단어는 도자기를 뜻하는 그리스어 'κεραμικός (keramikos)'에서 유래되었다. 세라믹은 주로 산화물(산소와의 화합물)이다. 세라믹은 금속 물질과 달리 잘 깨지는 성질이 있고, 전기나

열을 잘 통하지 않는 성질이 있다.

## 반도체를 이루는 물질 _ 규소와 저마늄, 이산화규소

정교수  세라믹 중에서 가장 흔한 이산화규소에 관해 이야기해볼게.

물리양  산소와 규소의 화합물이군요. 그런데 규소는 뭐죠?

정교수  규소는 영어로 '실리콘(Silicon)'이고 원소기호는 'Si'라고 써. 원자번호는 14번이야. 규소는 지각의 구성 원소 중 산소(46%) 다음으로 높은 약 28%의 비율을 차지하고 녹는점은 1,414℃, 끓는 점은 3,265℃이야.

규소

세상에서 가장 쉬운 과학 수업 반도체 혁명

규소에 관한 최초의 연구는 1787년 프랑스의 라부아지에에 의해 처음 이루어졌다. 하지만 당시에는 규소 산화물로부터 규소를 분리하지 못했다. 이후 1808년 영국의 험프리 데이비가 전기분해로 규소를 분리하려고 했으나 실패했다. 1811년, 테나르가 플루오린화 규소를 금속 칼륨으로 환원해서 규소의 분리를 시도했지만, 불순물이 많아서 실패로 끝났다. 1823년에 베르셀리우스가 같은 방법으로 순수한 규소의 분리에 성공했지만 비결정(amorphous) 상태였다. 마침내 1854년 프랑스가 앙리 상트 클레르 드비유가 전기분해로 결정형의 규소를 분리하는 데 성공했다.

규소는 반도체의 대표적인 소재이다. 반도체란 전기를 통하는 도체와 전기를 통하지 않는 부도체의 중간적인 물질을 말한다. 그래서 샌프란시스코의 반도체 기업이 밀집한 지대를 '실리콘밸리'라고 부른다.

규소 결정은 반도체의 재료 중 하나인 웨이퍼를 만드는 데 사용된다. 웨이퍼는 얇게 구운 빵이나 쿠키 사이에 잼이나 쿠키를 바른 과자를 말한다.

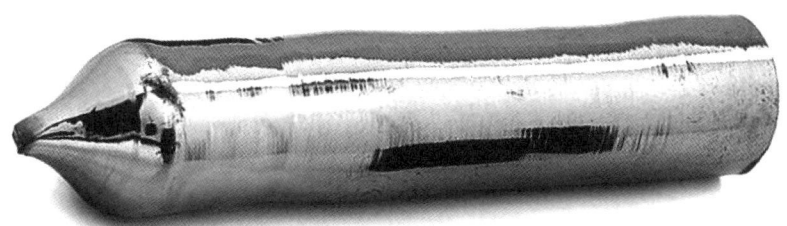

웨이퍼를 만드는 규소 결정

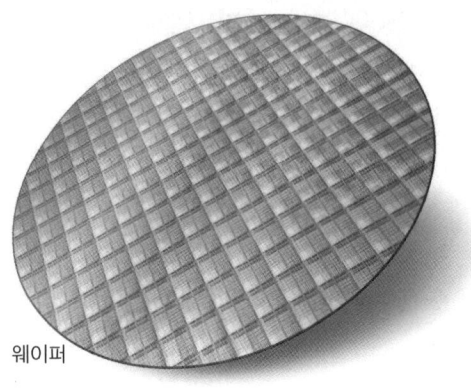

웨이퍼

규소와 더불어 반도체에 사용되는 대표적인 원소는 저마늄[3]이다. 저마늄은 원자번호 32번이고 녹는점은 938.25℃, 끓는점은 2,833℃ 이다.

저마늄

---

3) 흔히 '게르마늄'이라고 부른다.

세상에서 가장 쉬운 과학 수업 반도체 혁명

이제 이산화규소에 대해 알아보자. 이산화규소는 산소 원자 2개와 규소 원자 1개가 결합한 화합물이며, 실리카(Silica)라고 부르기도 한다. 이산화규소는 녹는점 1,600°C, 끓는점 2,230°C로 상온에서 고체로 존재하며, 이산화규소가 결정화된 것이 석영이다. 이산화규소는 모래와 유리의 주성분으로, 우리 주변에서 제일 흔하게 볼 수 있는 고체 물질 중 하나이다. 지각의 대부분을 차지하는 광물이라 웬만한 암석에는 이산화규소 성분이 포함되어 있다. 이산화규소는 건조제 '실리카겔'이나 주택의 벽에 사용되는 규조토의 주성분으로도 사용된다.

이산화규소는 반도체에서 매우 많이 활용되는 물질이다. 반도체의 가장 기본이 되는 물질인 규소(실리콘)로 만들어진 웨이퍼를 산화시키는 방법으로 집적회로에 쉽게 구현할 수 있고, 높은 전기저항성, 깔끔한 규소-이산화규소 인터페이스 등 특성이 우수해 다양한 용도로 활용된다. 가장 대표적인 용도는 MOSFET의 옥사이드를 만드는 데 사용되는 것이다.


## 재미있는 물질, 지르코니아 _ 천연다이아몬드의 모조품

정교수 　이번에는 아주 재미있는 세라믹 물질인 지르코니아에 대해 알아볼게. 지르코니아는 금속인 지르코늄의 산화물이야.

먼저 지르코늄에 대해 알아보면, 지르코늄은 원자번호 40번이고 녹는점이 1,855°C, 끓는점은 4,377°C이다.

지르코늄을 포함한 광물은 고대부터 알려져 있었고 '히아신스'나 '자르곤' 등 여러 가지 이름으로 불리고 있었다. 1789년, 독일의 화학자 마르틴 하인리히 클라프로트가 지르코늄의 분리에 도전했지만 실패했고, 1808년 영국의 험프리 데이비도 전기분해를 통해 순수한 지르코늄을 얻으려 했지만 실패했다. 1824년 베르셀리우스가 불순물이 섞인 형태로 지르코늄의 분리에 성공했다.

지르코늄

지르코늄과 산소와의 화합물을 '지르코니아(Zirconia)'라고 부르는데, 녹는 점이 높기 때문에 내열성 세라믹스의 재료로 사용된다. 치과에서도 지르코니아를 사용하여 보철물(크라운)을 제작한다. 지르코니아는 다이아몬드와 닮았기 때문에 천연다이아몬드의 모조품으로도 이용되며, '큐빅' 또는 '지르콘'이라고 부른다.

세상에서 가장 쉬운 과학 수업 반도체 혁명

큐빅 지르코니아 / 다이아몬드

**물리양**　지르코니아와 다이아몬드가 정말 닮았네요.

## 액정의 발견 _ 라이니처에서 드 젠까지

**정교수**　이번에는 액체와 고체의 중간물질인 액정에 대해 알아볼게.

**물리양**　액정은 많이 들어봤는데, 정확하게 무슨 뜻인지는 모르겠어요.

**정교수**　액정은 '액상결정(液狀結晶)'의 준말로, 영어로는 'liquid crystal'이라고 불러. 액정을 이용한 디스플레이를 'liquid crystal display'라고 하고 약자로 LCD라고 쓰지.

**물리양**　액정은 누가 발견했죠?

**정교수**　1888년 카를 페르디난츠 대학(Karl Ferdinands Universität)에서 근무하던 오스트리아의 식물학자 라이니처가 발견했어.

프리드리히 라이니처
(Friedrich Richard Reinitzer, 1857~1927, 오스트리아)

라이니처는 카를 페르디난츠 대학 교수로 있던 1888년, 식물의 콜레스테롤 성분을 분석하던 도중 콜레스테롤 벤조에이트라는 신기한 물질을 발견했다.[4] 이 물질은 145°C에서는 반투명했다가 179°C로 온도가 올라가면 투명한 액체가 되었다. 라이니처는 이 현상을 독일 물리학자 레만에게 알렸다.

오토 레만(Otto Lehmann, 1855~1922, 독일)

---

4) F. Reinitzer(1888), "Beiträge zur Kenntnis des Cholesterins", Monatshefte für Chemie 9:421 – 41.

레만의 아버지는 수학교사였고 현미경에 관심이 많았다. 그래서 레만은 어릴 때부터 현미경으로 사물을 관측하고 기록하는 데 익숙했다. 레만은 스트라스부르 대학에서 자연과학으로 박사 학위를 받고 결정학자 그로쓰(Paul Groth) 밑에서 결정화 과정에서 나타나는 복굴절에 대해 배웠다.

레만은 1883년에 RWTH 아헨 공과대학에서 강의를 시작했고, 1889년에는 하인리히 헤르츠의 뒤를 이어 칼스루에 대학의 물리학 연구소장이 되었다.

그는 라이니처로부터 콜레스테롤 벤조에이트의 신기한 특징에 대한 편지를 받았다. 그로부터 2년간 현미경을 이용해 콜레스테롤 벤조에이트를 연구한 결과, 이 물질이 고체와 액체의 중간성질을 가진다는 것을 알아내고 이 물질을 '액정'이라 불렀다.[5] 레만은 액정에 관한 연구로 1913년부터 1922년까지 노벨상 후보로 지명되었으나 수상으로 이어지지는 못했다.

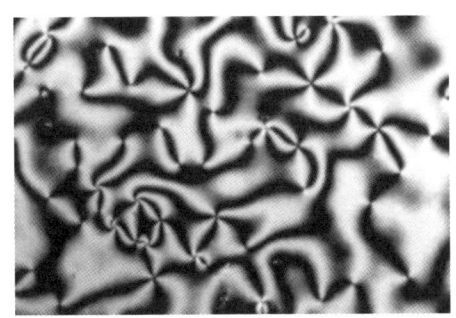

액정

5] Lehmann O.(1889), "Über fliessende Krystalle", Zeitschrift für Physikalische Chemie. 4: pp. 462~72.

액정에 관한 연구는 독일 화학자 포르랜더(Daniel Vorländer, 1867~1941)에 의해 발전되었지만, 이 연구는 과학자들에게 인기 없는 주제였다. 제2차 세계대전 이후 유럽의 대학 연구소에서 액정 합성 작업이 다시 시작되었다. 저명한 액정 연구원인 영국의 그레이(George William Gray, 1926~2013)는 1940년대 후반 액정물질에 관한 연구를 활발히 진행했다. 그의 연구팀은 액정 상태를 나타내는 많은 새로운 재료를 합성하고 액정 상태를 나타내는 분자에 관해 연구했다.

액정을 연구한 최초의 미국 화학자 중 한 명은 글렌 H. 브라운(Glenn H. Brown)으로, 1953년 신시내티 대학에서 시작하여 이후 켄트 주립대학에서 액정에 관해 연구했다. 1965년에 그는 오하이오주 켄트에서 약 100명에 이르는 세계 최고의 액정 과학자들이 참석한 가운데 액정에 관한 최초의 국제회의를 조직했다.

액정 재료는 1962년 RCA 연구소에서 시작된 평면 패널 전자 디스플레이 개발 연구의 초점이 되면서 기업체의 관심을 끌기 시작했다. 당시에는 텔레비전의 모니터로 브라운(Karl Ferdinand Braun, 1850~1918, 독일, 1909년 노벨 물리학상 수상)이 발명한 브라운관이 사용되고 있었다.

1962년 조지 H. 헤이마이어(George H. Heilmeier)는 브라운관 대신 사용될 액정 기반 평면 패널 디스플레이에 관해 연구했지만, 그의 연구는 상업용 디스플레이 제품에 사용하기에는 비실용적이었다. 1966년 RCA 헤이마이어 그룹은 액정을 이용한 최초의 실용적인 디스플레이 장치를 발명했다.

헤이마이어와 최초의 LCD

　이러한 기술적인 발전에도 불구하고 액정 연구는 노벨상 심사위원회의 관심을 끌지 못하다가 1991년이 되어서야 관심을 끌었다. 1991년 프랑스의 드 젠은 액정에 관한 연구로 액정 연구 과학자 중 처음으로 노벨 물리학상을 받았다.

피에르질 드 젠(Pierre-Gilles de Gennes, 1932~2007, 프랑스, 1991년 노벨 물리학상 수상)

드 젠은 파리에서 태어났고 열두 살까지 홈 스쿨링을 받았다. 그는 박물관에 다니는 것을 좋아했고 에콜 노르말 슈페리에에서 물리학을 공부해 1957년에 박사 학위를 받았다.

1959년에 드 젠은 미국 UC 버클리 대학에서 연구하다 프랑스 해군에 들어가 27개월 동안 복무했다. 1961년 그는 프랑스의 파리 11대학의 교수가 되어 초전도체에 관해 연구하다 1968년부터 액정을 연구했다. 그는 물질을 액정이나 고분자물질과 같이 복잡한 형태의 물질로 바꾸는 방법에 관한 연구로 노벨 물리학상을 받았다. 노벨상을 받은 후 드 젠은 미세 물질과 뇌에서 기억을 돕는 물질에 관해 연구했다.

## 뒬롱-프티의 법칙 _ 고체비열을 공동으로 연구하다

정교수  우리는 고체의 열적 성질에 대해 알아둘 필요가 있어. 고체의 열적 성질은 고체의 비열로 특징지을 수 있는데, 고체의 비열에 대한 최초의 법칙은 프랑스의 뒬롱과 프티에 의해 연구되었어.

뒬롱은 1785년 2월 12일 프랑스 루앙에서 태어났다. 그는 4살에 고아가

피에르 루이 뒬롱(Pierre Louis Dulong, 1785~1838, 프랑스)

되어 이모 밑에서 자랐다. 그는 1801년 파리의 에콜 폴리테크니크 (École Polytechnique) 의학부에 입학했지만, 건강이 좋지 않았고 경제적인 어려움 때문에 학업을 중단했다. 뒬롱은 프랑스 화학자 테나르(Louis Jacques Thénard, 1777~1857) 밑으로 들어가 화학을 연구했다.

1811년에 뒬롱은 삼염화질소를 발견했다. 그 과정에서 그는 손가락 3개와 한쪽 눈의 시력을 잃었다. 1819년 뒬롱은 프티와 함께 뒬롱-프티의 법칙[6]을 발표했다. 1820년 뒬롱은 건강이 좋지 않아 은퇴한 프티의 뒤를 이어 에콜 폴리테크니크의 물리학과 교수가 되었다. 그 후 그는 증기의 탄성, 온도 측정 및 탄성 유체의 운동을 연구했다.

알렉시 테레즈 프티
(Alexis Thérèse Petit, 1791~1820, 프랑스)

---

6] Petit, A.-T.; Dulong, P.-L.(1819), "Recherches sur quelques points importants de la Théorie de la Chaleur", Annales de Chimie et de Physique(in French). 10: pp. 395~413.

프티는 10살 때 당시 프랑스 최고 권위의 과학 학교인 파리의 에콜 폴리테크니크 입학시험을 치를 수 있을 정도의 능력을 갖췄지만, 에콜 폴리테크니크의 준비 학교를 먼저 다닌 후 1807년에 에콜 폴리테크닉에 정식으로 입학해 1809년에 졸업했다.

졸업 후 프티는 1815년에 23세의 나이로 에콜 폴리테크닉의 최연소 교수가 되었다. 그는 머지않아 교체될 장 앙리 하센프라츠(Jean Henri Hassenfratz)의 대리로 재직했다. 그것으로 그는 폴리테크닉의 두 번째 물리학 교수이자 23세의 나이로 그 직책을 맡은 최연소 교수가 되었다. 프티는 같은 물리학자인 프랑수아 아라고(François Arago)와 결혼해 1814년 두 사람은 공동으로 논문을 발표했다. 1815년부터 프티는 뒬롱과 공동 연구를 시작해 1819년에 공동 논문을 발표했다. 프티는 아내가 세상을 떠난 직후인 28세의 나이에 결핵으로 사망했다.

**물리양**  뒬롱과 프티는 고체의 비열에 대해 어떤 사실을 알아낸 거죠?

**정교수**  그들이 알아낸 건 고체의 몰비열이 아주 높은 온도에서 고체의 종류와 관계없이 일정한 값이 된다는 사실이야.

**물리양**  몰비열이 뭐죠?

**정교수**  1몰은 입자 수가 아보가드로 수인 $N_A = 6 \times 10^{23}$개인 경우를 말해. 몰비열은 고체 1몰을 1도 올리는 데 필요한 열량을 말하지. 몰비열은 $c_V$라고 쓰는데, 뒬롱과 프티는 아주 높은 온도에서 고체의 몰비열은

$$c_V = 3R$$

이 된다는 것을 알아냈어. 여기서 $R$은 기체상수라고 부르는데, 볼츠만 상수 $k_B$와 아보가드로 수의 곱이야. 즉,

$$R = N_A k_B$$

가 되지. 여기서 볼츠만 상수는

$$k_B = 1.380649 \times 10^{-23} \quad (J/K)$$

이니까 기체상수는

$$R = 8.314 \quad J \cdot K^{-1} \cdot mol^{-1}$$

이 돼. 보통 과학에서는 섭씨온도보다는 절대온도를 사용해. 절대온도는 섭씨온도에 273을 더한 값이고 단위는 K로 사용하지. 그러니까 25℃는 298K가 되지. 섭씨로 영하 273도는 온도의 최솟값이야. 그러니까 절대온도는 0K부터 시작하지. 가장 낮은 온도야.


## 아인슈타인의 고체비열 공식 _ 노벨상의 영광은 디바이에게

**정교수** 1905년 특수상대성이론을 발표한 아인슈타인은 왜 고체가 뒬롱-프티의 법칙을 만족하는지를 궁금해했어. 뒬롱-프티의 법칙에 따르면 고체의 비열은 일정한 값이 돼. 하지만 고체의 비열이 온도에

따라 달라진다는 것을 과학자들이 실험을 통해 알아냈지. 즉, 고체의 비열은 온도가 증가할수록 커진다는 것을 알아냈어.

**물리양**　아인슈타인이 고체비열에 대한 올바른 공식을 찾아낸 건가요?

**정교수**　맞아. 아인슈타인은 온도와 고체비열 사이의 관계를 알아내려 했지. 그리고 1907년 아인슈타인 고체모델[7]이라는 놀라운 논문을 발표했어. 이제 우리는 아인슈타인의 논문을 살펴볼 거야.

아인슈타인은 고체비열의 원인을 찾으려고 했다. 당시 아인슈타인은 플랑크가 1900년에 발표한 광자이론에 관심이 많았다. 플랑크는 1900년 빛은 불연속적인 에너지를 가진 광자(photon)로 이루어져 있고 진동수가 $\nu$인 광자는

$$h\nu, 2h\nu, 3h\nu, 4h\nu, \cdots$$

또는

$$nh\nu \quad ( n = 0, 1, 2, \cdots)$$

---

7]　A. Einstein, "Planck's Theory of Radiation and the Theory of Specific Heat", Annalen der Physik, 4, pp. 180~190.

처럼 불연속적인 에너지만을 가질 수 있다는 것을 알아냈다.[8,9,10] 여기서 $h$는 유명한 플랑크 상수이다.

아인슈타인은 고체의 비열을 광자처럼 설명할 수 없을까 고민했다. 고체는 입자들이 자유롭게 움직이지 못하고 제자리에서 진동하는 것으로 알려져 있었다. 아인슈타인은 이러한 진동은 고체의 온도가 높을수록 커진다고 생각했다. 아인슈타인은 고체 입자는 온도가 가장 낮은 상태인 절대온도 0도에서는 제자리에 고정되어 있지만 온도가 올라가면 약간씩 위치가 달라지고 이 달라지는 정도가 열팽창이나 비열과 관계있지 않을까 생각했다.

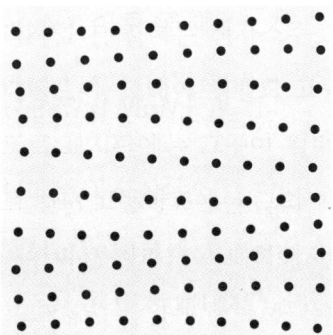

고체 원자의 진동

8) M. Planck, "Über eine Verbesserung der Wienschen Spektralgleichung", Verhandlungen der Deutschen Physikalischen Gesellschaft, 2, 202 (1900).

9) M. Planck, "Zur Theorie des Gesetzes der Energieverteilung im Normalspectrum", Verhandlungen der Deutschen Physikalischen Gesellschaft, 2, 237 (1900).

10) M. Planck, "Entropie und Temperatur strahlender Wärme", Annalen der Physik, 306, 719 (1900).

아인슈타인은 고체를 이루는 원자의 결합을 용수철에 연결된 점들로 비유하면 어떨까, 하는 생각을 품었다.

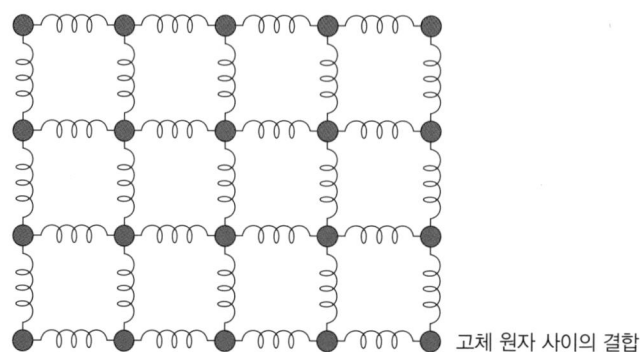

고체 원자 사이의 결합

아인슈타인이 이렇게 생각한 이유는 고체 원자 사이의 결합은 온도가 달라지면서 흔들리는데, 이런 '열적 요동'이 용수철의 진동 특성과 똑같기 때문이었다. 그런데 양자역학의 세계에선 연속적으로 보이는 모든 것을 자연수로 셀 수 있는 양으로 재해석할 수 있으므로 이러한 진동도 가상의 입자처럼 생각할 수 있지 않을까 생각했다. 그는 이 가상의 입자를 광자(photon)와 비슷하게 포논(phonon)이라고 불렀다. 즉 포논은 용수철의 '진동 알갱이'로 생각할 수 있다.

아인슈타인은 진동수 $\nu$인 포논이 가질 수 있는 에너지는 광자의 에너지처럼

$$E_n = nh\nu \quad (n = 0, 1, 2, \cdots) \tag{1-6-1}$$

세상에서 가장 쉬운 과학 수업 반도체 혁명

라고 가정했다. 그러고는 이러한 포논들에 대한 통계역학을 적용했다. 입자 수가 많을 때는 열역학을 통계적으로 분석할 수 있는데, 이렇게 해서 만들어진 이론이 통계역학이다. 아인슈타인은 통계역학의 창시자 중 한 명이었다.

아인슈타인은 볼츠만의 연구를 토대로 에너지가 $E$인 포논을 찾을 확률[11]을

$$P(E_n) = \frac{1}{Z} e^{-\frac{E_n}{k_B T}} \tag{1-6-2}$$

이라고 놓았다. 여기서 분배함수 $Z$는

$$Z = \sum_{n=0}^{\infty} e^{-\frac{E_n}{k_B T}} \tag{1-6-3}$$

이 된다.

이때 고체의 에너지는 포논이 가질 수 있는 에너지들에 대한 기댓값으로 간주할 수 있다. 고체 속에 포논이 1개만 있는 경우의 에너지를 $U_1$라고 하면

---

11) 열역학과 통계역학에 관심이 있는 독자는 『양자혁명』과 『브라운 운동』(성림원북스)을 참고하기 바람.

$$U_1 = <E> = \sum_{n=0}^{\infty} E_n P(E_n) \tag{1-6-4}$$

으로 주어진다. 한편 식(1-6-1)을 (1-6-3)에 넣으면 분배함수는

$$Z = \sum_{n=0}^{\infty} e^{-\frac{nh\nu}{k_B T}}$$

가 된다. 이 식에서

$$e^{-\frac{h\nu}{k_B T}} = r$$

이라 두면

$$Z = \sum_{n=0}^{\infty} r^n$$

이 되어 무한 등비급수의 합이 된다. 무한 등비급수의 합 공식을 이용하면,

$$Z = \frac{1}{1-r} = \frac{1}{1-e^{\frac{h\nu}{k_B T}}} \tag{1-6-5}$$

이 된다. 이제 온도가 $T$일 때 고체 속의 포논 한 개가 있을 때의 에너지를 구해보자. 이 에너지를 $U_1(\mathrm{T})$라고 하면 식(1-6-4)로부터

$$U_1(T) = \frac{1}{Z} \sum_{n=0}^{\infty} nh\nu e^{-\frac{nh\nu}{k_B T}} = \frac{h\nu}{Z} \sum_{n=0}^{\infty} nr^n \tag{1-6-6}$$

이 된다. 여기서

$$I = \sum_{n=0}^{\infty} nr^n = r + 2r^2 + 3r^3 + \cdots$$

(1-6-7)

과

$$J = \sum_{n=0}^{\infty} r^n = 1 + r + r^2 + r^3 + \cdots = \frac{1}{1-r}$$

(1-6-8)

을 보자. $J$를 $r$로 미분하면

$$\frac{dJ}{dr} = 1 + 2r + 3r^2 + \cdots$$

가 되므로

$$r\frac{dJ}{dr} = r + 2r^2 + 3r^3 + \cdots = I$$

가 된다. 그러므로

$$I = r\frac{d}{dr}\left(\frac{1}{1-r}\right) = \frac{r}{(1-r)^2}$$

이 된다. 이에 따라

$$U_1(T) = h\nu \cdot \frac{r}{1-r} = h\nu \cdot \frac{e^{-\frac{h\nu}{k_B T}}}{1 - e^{-\frac{h\nu}{k_B T}}}$$

가 된다. 이 식의 분모 분자에 $e^{\frac{h\nu}{k_B T}}$를 곱하면

$$U_1(T) = \frac{h\nu}{e^{\frac{h\nu}{k_B T}} - 1} \qquad (1\text{-}6\text{-}9)$$

가 된다. 여기서 $h\nu$를 $\epsilon$이라고 쓰면

$$U_1(T) = \frac{\epsilon}{e^{\frac{\epsilon}{k_B T}} - 1} \qquad (1\text{-}6\text{-}10)$$

이 된다. 아인슈타인은 3차원 고체 속에 포논이 $N$개 생기는 경우를 생각했다. 3차원에서 진동은 세 방향을 가지므로 이때 고체의 총 에너지는

$$U_N(T) = 3NU_1(T) = \frac{3N\epsilon}{e^{\frac{\epsilon}{k_B T}} - 1} \qquad (1\text{-}6\text{-}11)$$

이 된다. 아인슈타인은 이 고체에 대한 몰비열을 계산했다. 만일 이 고체가 $m$몰이라면 1몰당 입자 수가 아보가드로 수이므로

$$N = mN_A$$

가 된다. 아인슈타인은 열역학으로부터 몰비열은

$$c_V = \frac{1}{m}\frac{dU(T)}{dT}$$

로 주어지는 것을 알고 있었다. 아인슈타인은 식(1-6-11)로부터

$$c_V = \frac{3Re^{\frac{\epsilon}{k_BT}}\left(\dfrac{\epsilon}{k_BT}\right)^2}{\left(e^{\frac{\epsilon}{k_BT}}-1\right)^2} \qquad (1-6-12)$$

을 알아냈다. 고체의 몰비열과 온도 사이의 그래프는 다음과 같다.

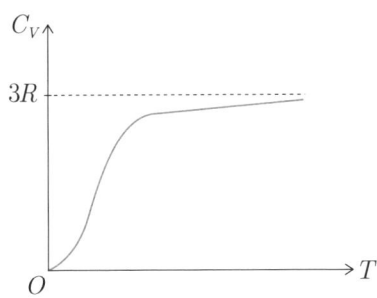

그러므로 온도가 아주 높아지면 고체의 몰비열은 $3R$에 수렴하게 되는데, 이것은 뒬롱−프티 법칙과 일치한다.

물리양  정말 놀라운 결과네요!

정교수  아인슈타인의 고체비열에 관한 연구를 수정해서 노벨 화학상을 받은 물리학자가 있어.

물리양  누구죠?

정교수  네덜란드계 미국인인 디바이라는 물리학자야.

피터 디바이(Peter Joseph William Debye, 1884~1966, 네덜란드계 미국인, 1936년 노벨 화학상 수상)

디바이는 네덜란드 마스트리흐트에서 태어났다. 그는 독일의 아헨 공과대학에서 조머펠트 교수에게 수학과 물리학을 배웠고 1905년 전기공학 학위를 받았다. 1906년 조머펠트는 뮌헨 대학으로 갔고, 디바이를 조수로 데려갔다. 디바이는 이곳에서 1908년 박사 학위를 받았다. 그는 1911년에는 스위스 취리히 대학으로, 1912년에는 네덜란드 위트레흐트 대학으로, 1913년에는 독일 괴팅겐 대학, 1920년에는 취리히 연방 공과대학, 1927년에는 독일 라이프치히 대학으로, 1934년에는 베를린 훔볼트 대학으로 자리를 옮겼다.

디바이는 1937년부터 1939년 사이 독일 물리학회(Deutsche Physikalische Gesellschaft) 회장을 맡았는데, 그는 유대인 혐오론자였다. 그는 1938년 12월 9일 독일 물리학회장으로서 다음과 같은 메모를 남겼다.

현재 상황을 고려하여, 뉘른베르크법에 따라 유대인들은 더 이상 독일 물리학회의 회원으로 남을 수 없습니다. 이사회의 결정에 따라서, 유대인 회원들은 학회로부터 사임해주시기 바랍니다. 히틀러 만세!

– 디바이

디바이는 1940년 초 미국에 이민하여, 코넬 대학 화학과장이 되었고, 1946년 미국 시민권을 획득하였다. 디바이의 반유대주의 논란에 대하여, 네덜란드의 전쟁·홀로코스트·집단 학살 연구소(네덜란드어: NIOD Instituut voor Oorlogs-, Holocaust- en Genocidestudies)의 2007년 공식 보고서는 다음과 같이 서술하였다.

미국에 이민한 디바이는 분명 기회주의자였다. 디바이는 정권을 잡은 정치 체계가 나치 독일이든, 미국이든 상관없이 충성을 바쳤다. 다만, 디바이는 항상 탈출구를 마련해두었다. 나치 독일에서는 네덜란드 국적을 유지하였고, 미국에서는 나치 독일 외교부와 비밀리에 접촉하였다.

**물리양** 정치적으로 올바른 과학자라고 볼 수는 없군요.

**정교수** 그렇지.

**물리양** 디바이는 아인슈타인의 비열 공식을 어떻게 수정한 거죠?

**정교수** 아인슈타인의 비열 공식은 $T$가 아주 작을 때는 잘 안 맞아. 1912년 디바이는 온도가 아주 낮을 때 고체의 비열을 연구했지. 디바이는 고체 내부에 있는 포논의 개수가 무한하지 않고 유한하다는 가정을 통해, 아인슈타인의 공식을 수정할 수 있었어. 그 결과, 그는 온도가 아주 낮은 경우에 고체의 비열이 $T^3$에 비례한다는 것을 알아냈지. 이것을 '디바이 법칙'이라고 부르는데, 이 공식은 실험과 너무 잘 맞았어. 그래서 디바이는 이 업적으로 노벨 화학상을 타게 된 거야.

**물리양**　그런 역사가 있었군요.

## 실리콘과 저마늄의 발견 _ 도체도 부도체도 아닌

**정교수**　이 책의 주인공인 반도체가 어떻게 탄생했는지 알아볼게. 처음에 고체는 전기적 특성에 의해 두 종류로 분류되었어. 1729년 영국의 스티븐 그레이(Stephen Gray, 1666~1736)는 전기를 통하는 물질을 '도체'라고 불렀는데, 대부분의 금속이 도체이지. 그는 또한 전기를 통하지 않는 물질을 '부도체'라고 불렀는데, 나무, 종이, 고무와 같은 물질이 부도체야. 하지만 도체와 부도체의 중간적인 특성이 있는 실리콘(Si)과 저마늄(Ge)이 발견되면서 이러한 물질을 '반도체'라고 이름 붙이게 되었어. 대표적인 반도체 물질인 실리콘을 발견한 베르셀리우스 이야기를 해볼게.

엔스 야코브 베르셀리우스
(Jöns Jacob Berzelius, 1779~1848, 스웨덴)

베르셀리우스는 스웨덴 외스테르예틀란드 베베르순다(Östergötland 의 Väversunda) 교구에서 태어났다. 그의 아버지는 인근 도시 린쾨핑 (Linköping)의 학교 교사였다. 베르셀리우스는 어린 나이에 부모를 모두 잃었다. 그의 아버지는 1779년에 사망했고, 그 후 그의 어머니는 안데르스 에크마르크라는 목사와 결혼하여 베르셀리우스에게 자연과학을 가르쳤다. 1787년 그의 어머니가 사망한 후에는 친척들이 그를 돌보았다. 10대 때 그는 집 근처 농장에서 가정교사로 일하면서 꽃과 곤충을 수집하고 분류하는 데 관심을 두게 되었다.

베르셀리우스는 1796년부터 1801년까지 웁살라대학(Uppsala University)에서 의학을 전공했다. 이 기간 그는 탄탈룸의 발견자인 에케베르그(Anders Gustaf Ekeberg)에게 화학을 배웠다. 그는 약국에서 견습생으로 일했다. 베르셀리우스는 스웨덴 화학자 셸레가 산소를 발견하는 데 일조했다. 그는 광천수에 대한 분석도 했고, 1800년에는 볼타전지에도 관심을 가졌다. 또한 의학 분야 논문 연구로 갈

바니 전류가 여러 질병에 미치는 영향을 조사했다.

연구에 몰두하고 있는 베르셀리우스

1807년에 베르셀리우스는 카로린스카 대학(Karolinska Institute)
의 화학 및 약학 교수로 임명되었다. 1808년에 그는 스웨덴 왕립과학
원의 회원으로 선출되었다. 이 무렵 스웨덴은 낭만주의 시대로 인해
과학에 대한 관심이 줄어들었기 때문에 아카데미는 수년 동안 침체
되어 있었다. 1818년에 베르셀리우스는 아카데미의 비서로 선출되어
1848년까지 그 직책을 맡았다. 재임 기간 그는 아카데미를 활성화하
고 두 번째 황금시대를 맞이한 공로를 인정받았다.

**물리양**  베르셀리우스는 어떻게 실리콘을 발견했나요?

**정교수**  정확히 말하면 발견이 아니라 분리라고 봐야겠지. 실리콘은
지구의 흙의 주성분인 이산화규소 속에 있어. 실리콘은 다른 말로 규
소라고도 불러. 이산화규소는 실리카라고 부르는데 산소와 실리콘의

화합물이야. 베르셀리우스는 이 화합물에서 실리콘을 분리한 거지.

1787년에 라부아지에는 실리카가 어떤 기본 원소의 산화물일 수 있다고 의심했지만 이 원소를 분리하는 방법을 몰랐다. 1808년 영국의 데이비는 이 원소의 이름을 'silicium'이라고 제안했지만 1817년 스코틀랜드의 화학자 토마스 톰슨(Thomas Thomson)이 제안한 '실리콘'이라는 이름으로 바뀌었다. 1811년 게이뤼삭(Gay-Lussac)과 떼나르(Thénard)는 금속 칼륨과 사불화규소를 가열하여 실리콘을 분리하려고 했지만 실패했다.

1824년 베르셀리우스는 게이뤼삭과 거의 동일한 방법을 사용하여 비정질 실리콘을 제조한 후 반복적으로 세척하여 갈색 분말로 정제해 순수한 실리콘을 얻어냈다.

실리콘

물리양  저마늄은 누가 발견했나요?

정교수  저마늄을 발견한 사람은 독일의 빙클러야.

클레멘스 빙클러
(Clemens Alexander Winkler, 1838~1904, 독일)

작센 왕국

빙클러는 작센 왕국(현재 독일)에서 태어났다. 그의 아버지는 베르셀리우스 밑에서 공부한 화학자였다. 빙클러는 프라이베르크, 드레스덴과 켐니츠의 학교에서 공부하고 1857년에 프라이베르크 광업 기술대학에 입학해 분석화학을 배웠다. 그리고 16년 후 그는 그 대학의 화학 기술 및 분석 화학 교수로 임명되었다.

빙클러는 시를 잘 쓰고 악기 연주도 잘했다. 그는 저마늄 발견 외에도 여러 가지 가스에 대한 연구도 해서 1884년에 가스 분석 핸드북을 출판하기도 했다.

**물리양**  빙클러는 어떻게 저마늄을 발견했나요?

**정교수**  멘델레예프는 1867년 『화학의 원리』라는 책을 쓰면서 비슷한 성질을 지닌 원소들이 있다는 것을 알게 되었고 이를 이용해 주기율표를 만들었어. 1869년 멘델레예프는 규소(Si)와 주석(Sn) 사이에 위치한 탄소족의 공백을 메울 원소를 포함하여 몇 가지 알려지지 않은 화학 원소의 존재를 예측했어.

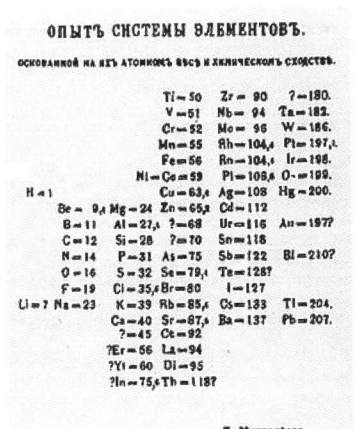

멘델레예프 주기율표

정교수    멘델레예프는 이 원소를 에카실리콘(Es)이라고 불렀지.

1885년 중반, 프라이베르크 근처 광산에서 새로운 광물이 발견되었는데, 이 광물은 은 함량이 높아 '아가로다이트'라 불렸다. 빙클러는 이 새로운 광물을 분석했는데, 이 광물 속에 새로운 원소가 있다는 것을 알아내고 그 원소를 분리해냈다. 그는 이 원소가 멘델레예프가 예언한 에카실리콘이라고 확신했다. 그는 이 원소의 이름을 독일을 나타내는 게르마니아와 비슷하게 '게르마늄'이라고 불렀다. 하지만 지금은 영어식 발음인 '저마늄'이라는 이름으로 더 많이 불린다.

반도체 소자로 사용되는 저마늄

저마늄은 반도체 소자로 사용될 뿐 아니라 합금의 구성 성분이나 형광 등의 인광 물질로 쓰인다. 또한 저마늄은 적외선을 투과시키기 때문에 적외선 창과 적외선 렌즈 같은 적외선 복사 검색이나 측정에 유용하다. 고굴절률을 가진 이산화저마늄은 카메라나 현미경의 대물렌즈에 쓰이는 유리의 구성 성분으로 가치가 있다.

두 번째 만남

•

# 에너지 밴드

# 양자역학의 탄생 _ 입자와 파동의 성질을 동시에

**정교수**  1900년대 초 고전역학의 문제점을 지적한 두 이론이 탄생하는데, 하나는 아인슈타인의 상대성이론이고 다른 하나는 양자역학이야. 이제 반도체를 이해하는 데 필요한 양자역학의 탄생 과정을 간략하게 소개할게. 고전역학에서 위치와 운동량[12]은 수로 나타낼 수 있어. 고전역학을 만족하는 질량을 가진 알갱이를 '입자'라고 불러. 1900년 플랑크는 빛이 불연속적인 에너지를 가진다는 것을 알아냈고[13,14,15] 이렇게 불연속적인 에너지를 가진 알갱이를 '양자'라고 불렀어. 즉 빛은 양자로 이루어져 있는데, 이 양자를 '광자'라고 불러. 보어는 1913년 전자도 양자라는 것을 알아냈어.[16]

**물리양**  전자도 불연속적인 에너지를 갖는군요.

**정교수**  맞아. 불연속적인 에너지를 갖는 양자에 대한 역학은 1925년

---

12) 질량과 속도의 곱

13) M. Planck, "Über eine Verbesserung der Wienschen Spektralgleichung", Verhandlungen der Deutschen Physikalischen Gesellschaft, 2, 202(1900).

14) M. Planck, "Zur Theorie des Gesetzes der Energieverteilung im Normalspectrum", Verhandlungen der Deutschen Physikalischen Gesellschaft, 2, 237(1900).

15) M. Planck, "Entropie und Temperatur strahlender Wärme", Annalen der Physik, 306, 719(1900).

16) Bohr, Niels(1913), "On the Constitution of Atoms and Molecules", Philosophical Magazine, 26(151): pp. 1~24.

드브로이[17], 1925년 하이젠베르크[18]와 보른-요르단[19], 1926년 슈뢰딩거[20]에 의해 완성되었어. 이제 완성된 양자역학에 대해 간단하게 이야기해줄게. 드브로이는 물질은 입자와 파동의 성질을 동시에 지닌다는 것을 알아냈지.

드브로이는 물질의 운동량 $p$와 파장 $\lambda$ 사이에는

17) L. De Broglie, Phil. Mag. 47, 446(1924).

18) Heisenberg, W.(1925), "Über quantentheoretische Umdeutung kinematischer und mechanischer Beziehungen", Zeitschrift für Physik. 33 (1): pp. 879~893.

19) Born, M.; Jordan, P.(1925), "Zur Quantenmechanik", Zeitschrift für Physik, 34(1): pp. 858~888.

20) E. Schrödinger, An Undulatory Theory of the Mechanics of Atoms and Molecules, Phys. Rev. 28, 1049(1926).

$$p = \frac{h}{\lambda} \qquad\qquad (2\text{-}1\text{-}1)$$

의 관계가 성립한다는 것을 알아냈다.

1925년 하이젠베르크는 전자가 불연속적인 에너지를 가지는 양자로 묘사된다면 전자의 위치와 전자의 운동량은 더 이상 수가 아니라 연산자가 되어야 한다는 것을 알아냈다. 전자의 위치를 $\hat{x}$ 라고 쓰고, 전자의 운동량을 $\hat{p}$ 라고 쓰면 이 두 연산자는 다음과 같은 불확정성 원리를 만족한다.

$$\hat{x}\hat{p} - \hat{p}\hat{x} = i\hbar \qquad\qquad (2\text{-}1\text{-}2)$$

여기서 $\hbar$는 '하바'라고 읽는데,

$$\hbar = \frac{h}{2\pi} \qquad\qquad (2\text{-}1\text{-}3)$$

로 정의되고, $h$는 1900년 플랑크가 도입한 플랑크 상수이고 $i = \sqrt{-1}$ 로 허수 단위이다. 연산자는 어떤 함수에 작용해 다른 함수를 만들어내는 것을 말한다. 가장 쉬운 연산자는 미분연산자로, 미분연산자를 함수에 작용하면 다른 함수가 된다. 예를 들어 미분연산자 $\frac{d}{dx}$ 를 $x^3$에 작용하면 $3x^2$이라는 함수가 된다.

양자역학에서는 연산자가 작용하는 함수를 $\psi(x)$라고 쓰고 이 함수

를 파동함수라고 부른다. 그러므로 식(2-1-2)는 파동함수에 작용해,

$$(\hat{x}\hat{p} - \hat{p}\hat{x})\psi(x) = i\hbar\psi(x)$$

가 된다. 이 식을 만족하는 위치 연산자와 운동량 연산자는

$$\hat{x}\psi(x) = x\psi(x) \tag{2-1-4}$$

$$\hat{p}\psi(x) = \frac{\hbar}{i}\frac{d}{dx}\psi(x) \tag{2-1-5}$$

가 된다는 것을 알 수 있다.

물리양  운동량 연산자는 위치에 대한 미분연산자로 묘사되는군요.

정교수  맞아. 고전역학에서는 질량이 $m$인 입자의 역학적 에너지 $E$가

$$E = \frac{p^2}{2m} + V(x)$$

로 표현돼. 여기서 $V$는 위치에 의존하는 퍼텐셜에너지야. 하지만 양자역학에서는 위치와 운동량이 연산자로 표현되니까

$$\left[\frac{1}{2m}(\hat{p})^2 + V(\hat{x})\right]\psi(x) = E\psi(x) \tag{2-1-6}$$

가 되는데, 이것을 슈뢰딩거 방정식이라고 불러. 식(2-1-5)를 이용하면 슈뢰딩거 방정식은

$$\left[-\frac{\hbar^2}{2m}\frac{d^2}{dx^2} + V(x)\right]\psi(x) = E\psi(x) \qquad (2\text{-}1\text{-}7)$$

가 돼. 이것이 바로 질량이 $m$인 전자가 만족하는 방정식이야.

물리양　퍼텐셜에너지가 0인 경우는 좀 더 간단해지겠네요.

정교수　그 경우는 전자가 힘을 받지 않는 경우야. 이러한 전자를 자유전자라고 불러. 그러니까 자유전자가 만족하는 슈뢰딩거방정식은

$$-\frac{\hbar^2}{2m}\frac{d^2}{dx^2}\psi(x) = E\psi(x) \qquad (2\text{-}1\text{-}8)$$

가 되지. 이 방정식은 쉽게 풀려.

$$\psi(x) = Ae^{ikx}$$

라고 놓고 이것을 식(2-1-8)에 대입하면,

$$E = \frac{\hbar^2 k^2}{2m} \qquad (2\text{-}1\text{-}9)$$

이 되지. 이것이 바로 자유전자의 에너지야.

물리양　$e^{ikx}$는 어떤 함수죠?

정교수　$e^{Ax}$를 미분하면 어떻게 되지?

물리양　$Ae^{Ax}$가 돼요.

정교수　맞아. 이 성질을 이용하면

$$(e^{ikx})' = ike^{ikx}$$

가 돼. 여기서 $e^{ikx} = f(x) + ig(x)$라고 하면

$$f' + ig' = ik(f + ig)$$

가 되고, 실수부와 허수부를 비교하면

$$f' = -kg$$
$$g' = kf$$

가 돼. 이 식을 만족하는 두 함수는

$$f = \cos kx$$
$$g = \sin kx$$

이지. 그러니까

$$e^{ikx} = \cos kx + i \sin kx$$

가 되어, 실수부는 코사인 함수이고 허수부는 사인 함수가 돼. 이때

$$e^{2\pi i} = \cos 2\pi + i \sin 2\pi = 1$$

이라는 걸 꼭 기억해둬.

**물리양**   $k$는 뭔가요?

정교수　이 파동의 파장을 $\lambda$라고 하면,

$$\psi(x+\lambda) = \psi(x)$$

가 돼. 즉,

$$e^{ik(x+\lambda)} = e^{ikx}$$

또는

$$e^{ik\lambda} = 1$$

이 되니까

$$k = \frac{2\pi}{\lambda} \qquad\qquad (2\text{-}1\text{-}10)$$

가 되지. 드브로이 관계식(2-1-1)을 이용하면

$$k = \frac{p}{\hbar}$$

가 돼. 전자의 질량을 $m$, 전자의 속도를 $v$라고 하면 $p = mv$이니까

$$k = \frac{mv}{\hbar}$$

이 되지. 이때 $k$를 파수라고 불러.

물리양　자유전자의 에너지는 파수의 제곱에 비례하는 함수이군요.

정교수　맞아. 그래프로 그리면 다음과 같지.

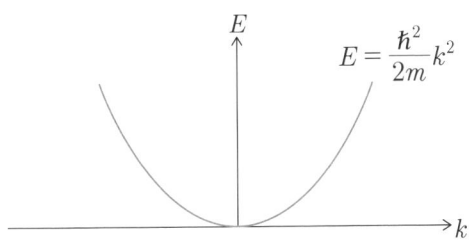

$$E = \frac{\hbar^2}{2m} k^2$$

## 고체물리와 양자역학을 연결하다 _ 네 명의 과학자들

정교수  양자역학을 이용해 고체를 다룬 과학자는 블로흐와 크로니크, 페니와 윌슨이야. 먼저 블로흐에 관해 이야기해볼게.

펠릭스 블로흐(Felix Bloch, 1905~1983, 스위스-미국, 1952년 노벨 물리학상 수상)

블로흐는 스위스 취리히에서 태어났다. 그의 부모는 유대인으로 취리히에서 곡물 도매상으로 일했다. 블로흐는 6세에 공립 초등학교에 입학해 8세에 피아노 연주를 배웠고 "명료함과 아름다움" 때문에 수학을 좋아했다. 블로흐는 1918년에 취리히에 있는 칸토날 김나지움에 등록했다. 15세에 블로흐는 취리히에 있는 스위스 연방공과대학(ETH)에서 공학을 공부하다가 물리학으로 전공을 바꾸었다. 대학 시절 블로흐는 드바이, 바일, 슈뢰딩거 등의 강의를 들었다.

1927년에 블로흐는 하이젠베르크의 첫 대학원생이 되었고, 1928년에 박사 학위를 받았다. 그의 박사 논문은 주기성을 갖는 격자 속 전자의 운동을 양자역학적으로 해석하는 것이었다. 학위를 받은 후 블로흐는 파울리와 초전도체에 관해 공동 연구했고, 크래머, 포커, 하이젠베르크와 함께 자성에 대해 공동으로 연구했다.

1932년에 블로흐는 라이프치히 대학에서 시간강사를 하다가 1933년 히틀러가 권력을 잡은 후 유대인이라는 이유로 독일에서 쫓겨났다. 1934년에 미국 스탠퍼드 대학의 제안으로 그는 스탠퍼드 대학 물리학과 교수가 되었다. 블로흐는 MRI의 기본 원리인 핵자기 공명에 관한 연구에 몰두해 이 현상을 다루는 블로흐 방정식을 만들어냈고 이 업적으로 1952년 노벨 물리학상을 받았다.

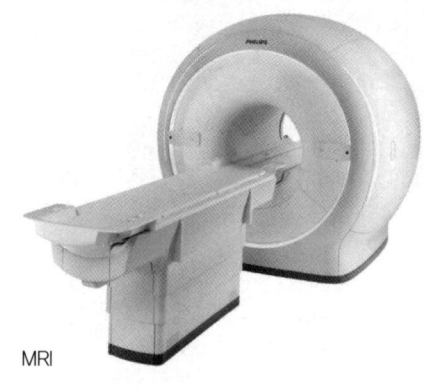

MRI

**물리양** 블로흐가 하이젠베르크의 첫 제자였군요.

정교수　맞아. 그래서 블로흐는 양자역학에 대해 많은 내용을 알 수 있었어. 그리고 양자역학을 최초로 고체에 적용할 생각을 하게 된 거지.

정교수　이번에는 크로니크에 대해 알아볼게. 크로니크는 독일 드레스덴에서 태어나 드레스덴에서 초등 및 고등학교 교육을 받은 후 뉴욕으로 건너가 콜롬비아 대학에서 공부했어. 그는 1925년에 박사 학위를 받은 후 강사가 되어 물리를 가르치다가 1927년에 유럽으로 돌아와 양자역학의 창시자들인 보어, 하이젠베르크, 파울리 등과 공동 연구를 했지.

랠프 크로니크(Ralph Kronig, 1904~1995, 독일)

물리양　미국 유학파군요.

정교수　맞아. 크로니크는 대학원생 때 양자역학 역사에 남을 일을 하지만 논문으로 발표하지 않아 다른 과학자들에게 이 자리를 빼앗기게 돼.

물리양　왜 논문으로 발표하지 않았죠?

정교수　파울리와 관계되는 사건이지. 1924년, 파울리는 전자의 경우의 두 개의 값을 가질 수 있는 새로운 양자수가 있다고 주장했어. 하지만 이 양자수를 만들어낼 수 있는 이론이 없었지. 1925년 초, 알프레드 란데의 제자였던 크로니크는 이를 설명하기 위해 어떤 축을 중심으로 전자가 회전하고 있다는 가설을 파울리에게 제안했어. 크로니크는 이 회전이 시계 방향과 반시계 방향의 두 종류이므로 이것으로 새로운 양자수가 두 개의 값을 가짐을 설명할 수 있다고 주장했지. 하지만 파울리는 이 가설을 크게 비판했어. 이러한 파울리의 비판을 듣고 크로니크는 자신의 연구 결과를 논문으로 발표하지 않았어. 그런데 그해 가을 울렌벡과 고우트스미트가 크로니크와 같은 생각을 하게 되었고 이것을 논문으로 발표했지.

물리양　좋은 아이디어가 있으면 무조건 논문으로 발표해야겠군요.

정교수　물론이야. 이번에는 페니에 관해 얘기할게.

윌리엄 조지 페니
(William George Penney, 1909~1991, 영국)

　　　세상에서 가장 쉬운 과학 수업 반도체 혁명

페니는 1909년 6월 24일 영국령 지브롤터에서 태어났다. 제1차 세계대전이 발발한 후 페니는 어머니, 누나들과 함께 영국 켄트주 쉬어니스로 이사하여 초등학교에 다녔다. 그 후 그는 콜체스터 근처의 학교에 다녔고, 마지막으로 1924년부터 1926년까지 쉬어니스 남자 기술학교(Sheerness Technical School for Boys)에 다니면서 과학에 대한 재능을 보였다. 그는 복싱과 육상 경기에 참여하여 학교의 100야드(91m) 달리기에서 우승했다. 그는 크리켓 경기도 했고, 학교 축구팀의 센터 포워드이기도 했다.

지브롤터

1927년 페니는 과학에 대한 열정으로 인해 지역 과학 실험실에 입사하여 실험실 조교로 주당 10실링을 받으며 일했다. 이를 통해 그는 켄트 카운티 장학금과 런던 대학에서 왕실 장학금을 받을 수 있었다. 그는 런던 대학 축구팀에서 센터 포워드로 활약했다. 그는 1929년에 졸업하여 20세에 일등 우등으로 수학 학사 학위를 취득하고 주지사 수학상을 받았다. 그 후 그는 런던 대학에서 대학원 과정을 다니던 중 네덜란드 흐로닝언 대학에서 한 학기를 보냈으며, 그곳에서 크로니크와 공동 연구해 유명한 크로니크-페니 모델을 만들었다.

페니는 1931년에 런던 대학에서 수학 박사 학위를 받고 미국으로 건너가 위스콘신 대학 매디슨 캠퍼스, 캘리포니아 공과대학의 칼 앤더슨 연구소와 캘리포니아 대학의 어니스트 로렌스 방사선 연구소 등에서 연구를 하다가 1933년 영국으로 돌아왔다.

페니는 1933년 케임브리지 대학 물리학과에 등록해 양자역학을 결정 물리학에 적용하는 연구로 1935년에 물리학 박사 학위를 취득했다. 그 후 그는 런던 대학 교수로 재직했다.

1939년 9월 제2차 세계대전이 발발한 후 페니는 폭발물 물리학 위원회(Physex)의 회원이 되어 지뢰, 어뢰와 폭뢰에 관해 연구했다. 노르망디 상륙작전 이후 페니는 영국 해군 공병 장교들과 함께 노르망디 해변에 배치된 멀베리(Mulberry) 항구의 일부를 구성하는 강철 구조물인 봉바르동(Bombardon) 방파제의 개발을 설계하고 감독했다. 페니의 임무는 봉바르동에 대한 파도의 영향을 계산하고 가장 효율적인 배열을 고안하는 것이었다.

페니는 제2차 세계대전 중 원자폭탄을 만드는 맨해튼 프로젝트에 참여했다. 1943년 8월 퀘벡 협정은 원자폭탄 개발을 목표로 하는 미국 맨해튼 프로젝트에 대한 영국의 지원을 제공했다. 해군성과 임페리얼 칼리지의 반대에도 불구하고 페니는 폭발과 그 효과에 대한 전문 지식이 요구되는 뉴멕시코의 맨해튼 프로젝트 로스앨러모스 연구소의 영국 과학자팀에 합류하도록 파견되었다.

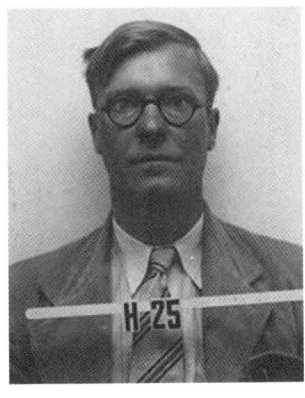

미국 로스앨러모스 국립연구소의 페니의 신분증 사진

로스앨러모스에서 페니는 자신의 과학적 재능과 리더십 자질, 다른 사람들과 조화롭게 일하는 능력에 대한 인정을 받았다. 그가 도착한 지 몇 주 안에 그는 프로그램 방향에 대한 주요 결정을 내리는 핵심 과학자 그룹에 추가되었다. 맨해튼 프로젝트의 책임자인 레슬리 그로브스(Leslie Groves) 소장은 나중에 다음과 같이 썼다.

맨해튼 프로젝트가 진행되는 동안 가장 건전한 조언을 제공할 수 있다고 생각되는 사람들과의 가장 신중한 고려와 토론 끝에 중요한 결정이 내려졌다. 이 작전에는 오펜하이머, 폰 노이만, 페니, 파슨스 및 램지가 참여했다.

— 그로브스

로스앨러모스에서 페니의 임무 중 하나는 원자폭탄의 폭발파로 인한 피해 효과를 예측하는 것이었다. 그는 로스앨러모스에 도착하자마자 그 주제를 강의했다.

1945년 4월 27일, 페니는 원자폭탄의 투하 지점을 결정하는 회의를 위해 워싱턴으로 갔다. 그는 불덩이가 땅에 닿지 않도록 하여 땅의 영구적인 방사선 오염을 피하면서 최적의 파괴 효과를 보장하는 폭발 높이에 관해 조언했다. 위원회는 일본의 17개 도시 중 4개 도시를 선택했다. 페니는 원자폭탄이 인구 30만~40만 명의 도시를 초토화할 것이라고 예측했다.

다음 달에 페니는 원자폭탄을 조립한 과학자, 군인 그룹인 앨버타 프로젝트의 일원으로 티니안섬으로 갔다. 그는 워싱턴 주재 영국 합동 참모단 소속 왕립공군(RAF) 그룹 대위 레너드 체셔(Leonard Cheshire)와 함께 영국을 대표했다. 미국 당국은 그들이 히로시마 폭격을 관찰하는 것을 중단시켰지만 페니는 중성자를 발견한 채드윅에게 호소한 후 두 번째 폭격 장소인 나가사키에 동행하는 것을 허락받았다. 1945년 8월 9일 페니는 B-29 관측기 'Big Stink'를 타고 체셔와 함께 비행하면서 나가사키 폭격을 목격했다. Big Stink는 폭격기 'Bockscar'와의 만남을 놓쳤기 때문에 화구를 촬영하기에는 너무 먼 거리인 공중에서 나가사키 폭발의 섬광을 목격했고 표적은 구름에 가려졌다. 폭발 효과에 대한 전문가인 페니는 1945년 8월 15일 일본이 항복한 후 핵무기의 효과를 평가하기 위해 히로시마와 나가사키에 입성한 과학자와 군사 분석가 팀의 일원이 되었다.

앨버타 프로젝트 요원들. 둘째 줄 왼쪽에서 세 번째가 페니

페니는 1945년 9월 미국에서 민간 비행기를 타고 영국으로 돌아왔다. 페니는 임페리얼 칼리지로 돌아와 히로시마와 나가사키에 대한 보고서를 썼다. 그는 히로시마에 투하된 폭탄은 TNT 10킬로톤(42TJ), 나가사키 폭탄은 TNT 30킬로톤(130TJ)으로 추정했다. 그는 학문하는 삶으로 돌아가고 싶어 옥스퍼드 대학 수학 교수가 되었다.

네 번째 과학자는 영국의 윌슨이다. 윌슨은 월러시 중등학교와 케임브리지의 에마뉘엘 칼리지(Emmanuel College)에서 교육을 받았으며 1926년에 수학 학사 학위를 받았다. 그는 대학원에서 파울러(R. H. Fowler)의 지도 아래 양자역학을 연구했다.

앨런 헤리스 윌슨(Alan Herries Wilson, 1906~1995, 영국)

윌슨은 하이젠베르크와 함께 금속과 반도체의 전기 전도에 양자 역학을 적용하는 방법을 연구했다. 1931년부터 1932년까지 윌슨은 전자의 에너지 밴드가 어떻게 물질을 도체, 반도체 또는 절연체로 만들 수 있는지 설명하는 이론을 공식화했다. 1932년에 그는 아담스상 (Adams Prize)을 수상했다. 1939년 윌슨은 반도체에 관한 최초의 교과서라고 부르는 『Semi-conductors and Metals』를 출간했다.

윌슨은 금속과 반도체의 전도 이론을 발전시킨 공로로 1942년 왕립학회 회원으로 선출되었다. 제2차 세계대전 동안 그는 무선통신 문제를 연구했으며, 나중에 원자폭탄을 개발하기 위한 영국 튜브 합금 프로젝트에 참여했다.

제2차 세계대전 후 그는 학문적 연구를 그만두고 산업가가 되어 영국의 섬유 회사인 코트울즈(Courtaulds)에 들어가 인공 섬유의 연구와 개발을 감독했다. 1957년에 그는 『열역학과 통계역학 (Thermodynamics and Statistical Mechanics)』을 출간했다. 1962년

에는 제약회사인 글락소(Glaxo)에 입사하여 1963년부터 1973년 은
퇴할 때까지 회장을 역임했다.

## 에너지 밴드와 밴드갭 _ 허용 영역과 금지 영역

**물리양**　네 명의 과학자가 양자역학을 고체물리에 적용해서 얻은 결
과는 뭐죠?

**정교수**　간단히 말하면 도체와 반도체와 부도체의 원리를 밝혀낸 일
이야. 간단하게 설명하기 위해 대표적인 반도체 물질인 실리콘을 예
로 들게. 실리콘은 실리콘 원자들이 주기적으로 배열되어 있어.

　블로흐는 이렇게 주기적으로 원자들이 배열된 공간 속에서 전자가
움직이면 전자의 파동함수가 어떤 모양이 되어야 하는지를 양자역학
을 이용해 풀어냈지.[21]

---

21) Bloch, Felix(1929), "Über die Quantenmechanik der Elektronen in Kristallgittern",
　　Zeitschrift für Physik 52(7–8): pp. 555~600.

이렇게 전자가 주기적으로 배열된 원자 주위를 지날 때는 원자로부터 힘을 받게 되지. 그러니까 이 힘에 대응되는 퍼텐셜 에너지가 생겨. 이 퍼텐셜 에너지는 역시 주기성을 가지게 돼. 원자들이 주기적으로 배열되어 있으니까. 이렇게 주기적인 퍼텐셜을 가졌을 때 전자가 가질 수 있는 에너지를 양자역학을 이용해 처음 계산한 사람이 바로 크로니크와 페니야.[22]

윌슨은 주기적인 퍼텐셜 속에서 전자가 가질 수 있는 에너지 영역과 전자가 가질 수 없는 에너지 영역을 알아냈는데, 이 이론을 '에너지 밴드 이론'이라고 불러.[23]

물리양  에너지 밴드 이론이 뭐죠?

정교수  예를 들어 전자가 가질 수 있는 에너지 $E$가 다음과 같이 허용되는 영역과 금지된 영역으로 나뉜다는 이야기야.

$$0 < E < E_1 \text{ 금지}$$

$$E_1 < E < E_2 \text{ 허용}$$

22) De L. Kronig, R.; Penney, W. G.(1931), "Quantum Mechanics of Electrons in Crystal Lattices", Proceedings of the Royal Society A: Mathematical, Physical and Engineering Sciences. The Royal Society. 130(814): pp. 499~513.

23) Wilson, A. H., "The Theory of Electronic Semi-Conductors", Proceedings of the Royal Society of London. Series A, Vol. 133, No. 822(Oct. 1, 1931) pp. 458~491 and "The Theory of Electronic Semi-Conductors II", in Vol. 134, No. 823(Nov. 3, 1931) pp. 277~287.

$E_2 < E < E_3$ 금지

$E_3 < E < E_4$ 허용

$E_4 < E < E_5$ 금지

$E_5 < E < E_6$ 허용

$\vdots$

여기서 $E_1 < E_2 < E_3 < E_4 < \cdots$ 라고 하면 다음과 같은 그림으로 나타낼 수 있지.

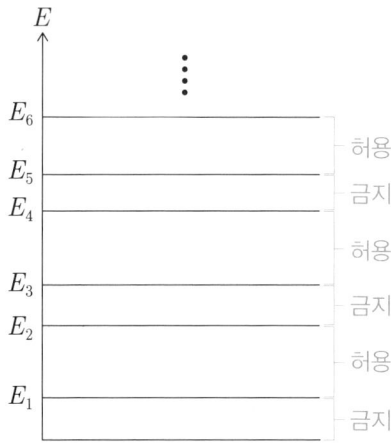

**물리양**　허용된 에너지 영역과 금지된 에너지 영역이 교대로 나타나는군요.

정교수  맞아. 그래서 허용된 에너지 영역을 직사각형으로 나타내지.

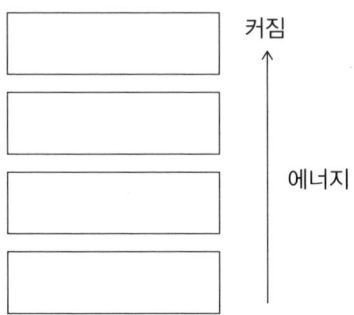

이 직사각형을 '허용된 에너지 밴드'라고 불러. 허용된 에너지 밴드와 허용된 에너지 밴드 사이는 금지된 영역이 되지.

물리양  전자는 허용된 에너지 밴드에 해당하는 에너지만 가질 수 있겠군요.

정교수  맞아. 그래서 전자가 가진 에너지에 따라 허용된 에너지 밴드 속에 전자를 나타낼 수 있어. 그러니까 허용된 에너지 밴드를 전자가 사는 곳이라고 생각해도 돼. 전자는 핵 주위에 가까울수록 낮은 에너지를 갖게 되지. 그건 원자핵이 작용하는 전기력을 더 크게 받기 때문이야. 그런데 전자가 가진 에너지는 온도에 따라 달라져.

물리양  그건 왜죠?

정교수  우리가 다루는 고체의 온도가 높아진다는 건 고체에 열에너지가 공급된다는 걸 말해. 그러니까 전자도 이 열에너지를 얻어서 에너지가 커지게 되는 거야.

물리양 전자의 에너지가 가장 작은 경우는 절대온도 0K일 때가 되겠네요.

정교수 맞아. 그래서 절대온도 0K를 기준점으로 택하지. 이때 전자는 가장 아래쪽의 에너지가 낮은 허용 에너지 밴드부터 채워지게 돼. 그 밴드가 꽉 차면 그 위쪽 밴드를 채우는 식으로 전자들이 허용 에너지 밴드를 채우게 돼. 이때 전자에 의해 완전히 채워진 허용 에너지 밴드 중에서 가장 높은 에너지 밴드를 '가전자 밴드' 또는 '가전자대'라고 불러. 가전자대 위에 전자가 부분적으로 채워져 있거나 비어 있는 허용 에너지 밴드를 '전도밴드' 또는 '전도대'라고 부르지.

다음 그림은 전도대와 가전자대를 보여주는 그림이야. 빗금 친 부분이 전자가 채워진 곳이라고 생각하면 돼.

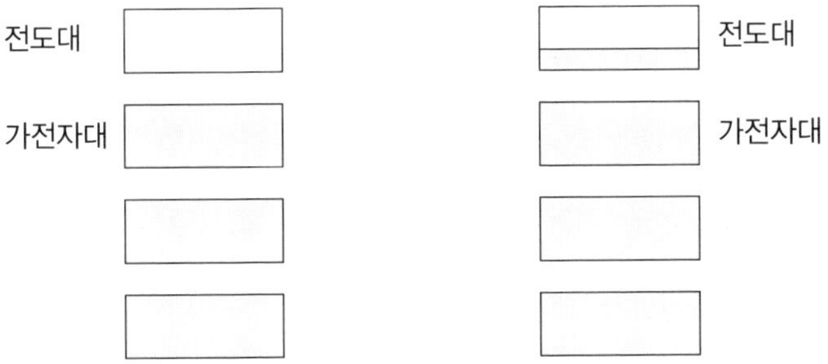

| 전도대 | | 전도대 |
| 가전자대 | | 가전자대 |

(전도대가 비어 있는 경우)  (전도대의 일부분이 전자로 채워진 경우)

이때 전도대의 가장 낮은 에너지와 가전자대의 가장 높은 에너지

사이의 차이를 '밴드갭 에너지'라고 부르고 $E_g$라고 나타내. 전도대의 가장 낮은 에너지는 $E_c$라고 쓰고 가전자 대의 가장 높은 에너지는 $E_v$ 라고 써.

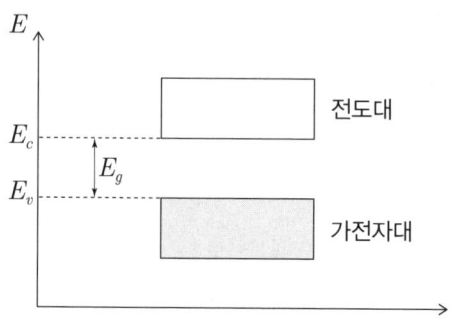

이때 가전자대는 전자로 채워져 있어 전자들이 움직일 수가 없어. 하지만 전도대는 비어 있거나 일부만 채워져 있어 전자들이 움직일 수 있지. 전자들이 움직이면 전류가 흐르게 돼. 그러니까 전류가 흐르게 하는 전자들은 전도대의 전자들이야.

**물리양**  가전자대의 전자가 전도대로 올라갈 수 있나요?

**정교수**  물론이야. 가전자대의 전자가 밴드갭 에너지만큼의 에너지를 얻으면 전도대로 올라갈 수 있어.

**물리양**  어떤 방법으로 에너지를 얻죠?

**정교수**  온도를 올려주면 돼. 그러면 가전자대의 전자가 열에너지를 얻어서 에너지가 커지게 되거든. 그렇게 되면 전도대로 올라가 움직

세상에서 가장 쉬운 과학 수업 반도체 혁명

일 수 있게 되지. 이때 가전자대에는 전자가 빠져나간 자리가 구멍처럼 생기게 되는데, 이것을 '정공(hole)'이라고 불러. 그러니까 전자와 정공이 동시에 생기게 되지.

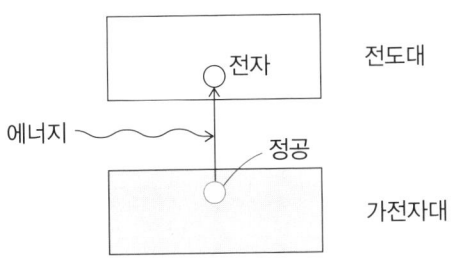

이렇게 온도가 0K일 때는 전도대가 비어 있어 전류가 흐르지 않다가 온도가 올라가면 전도대에 전자가 생겨서 전류가 흐를 수 있게 돼. 그런데 이것은 물질이 가지고 있는 밴드갭 에너지에 따라 세 가지 유형으로 나뉘게 돼. 다음 그림을 봐.

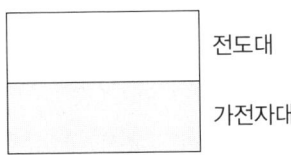

**물리양** 가전자대와 전도대가 붙어 있네요.

**정교수** 맞아. 이런 경우는 가전자대의 전자가 쉽게 전도대로 이동할 수 있어. 그러니까 전기를 잘 통하는 물질인 도체의 경우를 나타내지.

**물리양**　반도체나 부도체의 경우에는 가전자대와 전도대가 붙어 있지 않겠군요.

**정교수**　맞아.

**물리양**　어떤 차이가 있죠?

**정교수**　밴드갭 에너지가 큰가 작은가에 따라 분류돼. 다음 그림을 봐.

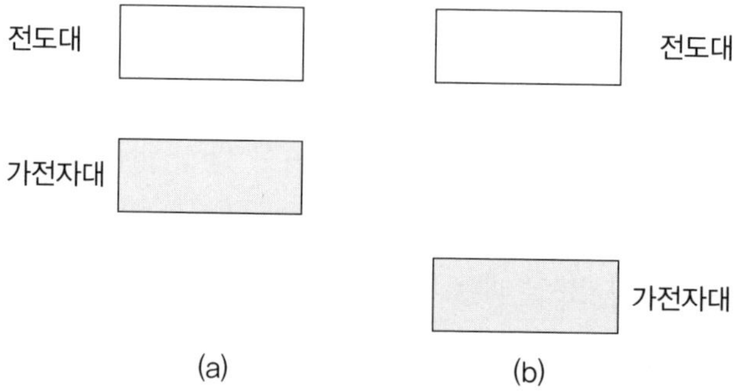

전도대　　　　　　　　　　　　　　　　　전도대

가전자대

　　　　　　　　　　　　　　　　　　　가전자대

　　　　　(a)　　　　　　　　　　　(b)

　위 그림에서 (a)는 (b)에 비해 밴드갭 에너지가 작아. 그러니까 온도가 올라가면 가전자대의 전자가 전도대로 올라갈 수 있지. 즉 온도가 올라가면 전기를 통하는 물질이 되는데, 이렇게 밴드갭 에너지가 작은 물질을 반도체라고 해. 하지만 그림 (b)의 경우는 에너지 밴드갭이 너무 커서 온도가 올라가도 가전자대의 전자가 전도대로 올라가기가 쉽지 않아. 이런 물질은 전기가 잘 안 흐르는 물질로, '부도체' 또는 '절연체'라고 불러.

물리양  자유전자의 경우, 에너지는 파수의 제곱에 비례하잖아요? 전도대의 전자의 에너지나 가전자대의 전자의 에너지는 파수와 어떤 관계가 있죠?

정교수  좋은 질문이야. 이 문제를 해결한 사람이 크로니크와 페니, 윌슨이야. 이들은 가전자대에서 전자가 가진 에너지와 전도대에서 전자가 가진 에너지와 파수 $k$와의 관계를 나타내는 그래프를 찾아냈어. 이 그래프는 온도에 따라 달라지는데, 예를 들어 0K에서는 다음 그림과 같아.

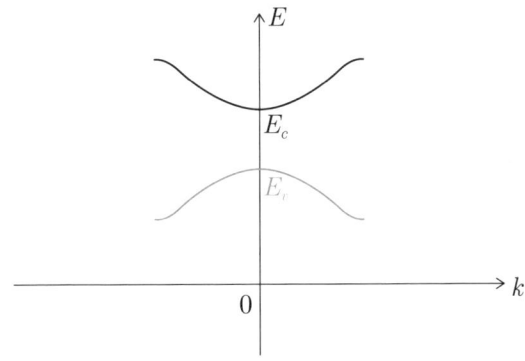

위쪽 그래프가 전도대의 전자의 에너지를 그린 거고 아래쪽 그래프가 가전자대의 전자의 에너지를 그린 거야. 크로니크와 페니와 윌슨은 이 그래프를 주목했어. 두 그래프는 $k = 0$ 주위에서 포물선 모양이 된다는 것을 알아냈지. 그래서 그들은 전도대의 전자의 에너지는

$$E = C_1 k^2 + E_c \qquad\qquad (2\text{-}3\text{-}1)$$

의 꼴이 되고, 가전자대의 전자의 에너지는

$$E = C_2 k^2 + E_v \qquad\qquad (2\text{-}3\text{-}2)$$

의 꼴이 된다는 것을 알아냈어. 여기서

$$C_1 > 0$$

$$C_2 < 0$$

이 되지.

## 전자와 정공의 유효질량 _ 반도체에 전기장을 걸어주면?

정교수 　이제 우리는 반도체에서 전자와 정공의 유효질량에 대해 알아볼 거야. 가장 간단한 반도체로 실리콘 반도체를 생각해볼게.

물리양 　질량과는 다른 개념인가요?

정교수 　뉴턴의 운동방정식은 물체가 힘을 받으면 가속도가 생긴다는 것을 의미해. 물체의 질량을 $m$, 가속도를 $a$라고 하고 물체가 받는 힘을 $F$라고 하면

$$ma = F$$

　　　　　　　　세상에서 가장 쉬운 과학 수업 반도체 혁명

가 되지. 그런데 여기서 $F$는 물체에 작용하는 모든 힘의 합이야. 반도체 속에는 전기를 띤 많은 입자가 있어 외부에서 전자에 힘을 작용하지 않아도 전자는 힘을 받게 돼. 이 힘을 내부 힘이라고 하고 $F_{내부}$라고 할게. 반도체에 외부에서 작용한 힘을 외부 힘이라고 하는데, $F_{외부}$라고 할게. 그러니까 반도체에 외부에서 힘이 작용했을 때 전자가 만족하는 뉴턴 방정식은

$$ma = F_{외부} + F_{내부} \qquad (2\text{-}4\text{-}1)$$

가 되지.


물리양  내부 힘은 알 수 있나요?

정교수  반도체 속에 너무 많은 전기를 띤 입자들이 있어 내부 힘을 구체적으로 알 수는 없어. 그래서 유효질량을 도입하지. 즉, 식(2-4-1)을 다음과 같이 쓰는 거야.

$$m^* a = F_{외부} \qquad (2\text{-}4\text{-}2)$$

이렇게 하면 외부 힘이 작용했을 때 반도체 속 전자를 뉴턴 방정식으로 묘사할 수 있어. 이때 $m^*$를 전자의 유효질량이라고 불러. 즉, 반도체 속 전자를 다룰 때는 전자의 실제 질량이 아니라 유효질량으로 묘사해야 해. 즉 전자의 운동량을 $p$라고 하면

$$p = \hbar k = m^* v \qquad (2\text{-}4\text{-}3)$$

가 되지. 여기서 $v$는 전자의 속도야. 뉴턴 방정식은

$$\frac{dp}{dt} = F_{외부} \tag{2-4-4}$$

라고 쓸 수도 있어. 그러니까

$$F_{외부} = \hbar \frac{dk}{dt} \tag{2-4-5}$$

또는

$$F_{외부} = m^* \frac{dv}{dt} \tag{2-4-6}$$

가 되지.

한편 외부 힘에 대한 퍼텐셜 에너지를 $V$라고 하면 전자의 역학적 에너지는

$$E = \frac{p^2}{2m^*} + V \tag{2-4-7}$$

가 된다. 이때

$$\frac{dE}{dk} = \left( \frac{p}{m^*} \right) \frac{dp}{dk} = \hbar v$$

이니까

$$v = \frac{1}{\hbar}\frac{dE}{dk} \qquad\qquad (2\text{-}4\text{-}8)$$

가 된다. 식(2-4-8)을 식(2-4-2)에 넣으면

$$m^* \frac{d}{dt}\left(\frac{1}{\hbar}\frac{dE}{dk}\right) = F_{외부} = \hbar\frac{dk}{dt}$$

가 되지. 이 식은

$$m^* \frac{1}{\hbar}\frac{d^2E}{dk^2}\frac{dk}{dt} = \hbar\frac{dk}{dt}$$

가 된다. 그러니까 유효질량은 전자의 에너지에 의해 다음과 같이 표현된다.

$$m^* = \left(\frac{1}{\hbar^2}\frac{d^2E}{dk^2}\right)^{-1} \qquad\qquad (2\text{-}4\text{-}9)$$

이제부터 반도체 속의 전자를 묘사할 때는 전자의 질량이 아니라 전자의 유효질량을 사용한다.

먼저 전도대의 전자를 생각하자. 전도대의 전자의 유효질량은 식에 의해 결정된다. 이 식과 전도대의 전자의 에너지(2-3-1)을 비교하면

$$m^* = \frac{\hbar^2}{2C_1}$$

또는

$$C_1 = \frac{\hbar^2}{2m^*}$$

이 된다. $C_1 > 0$이므로 전도대의 전자의 유효질량은 양수가 된다. 이제 가전자대의 전자의 유효질량을 $m_n$이라고 하면 전도대의 전자의 에너지는

$$E = \frac{\hbar^2 k^2}{2m_n} + E_c \qquad (2\text{-}4\text{-}10)$$

가 된다.

그렇다면 가전자대의 전자의 유효질량은 어떻게 될까? 가전자대의 전자의 유효질량은 식(2-4-9)에 의해 결정된다. 이 식과 가전자대의 전자의 에너지(2-3-2)를 비교하면

$$m^* = \frac{\hbar^2}{2C_2}$$

또는

$$C_2 = \frac{\hbar^2}{2m^*}$$

이 된다. $C_2 < 0$이므로 가전자대의 전자의 유효질량은 음수가 된다.

세상에서 가장 쉬운 과학 수업 반도체 혁명

**물리양**  질량이 음수가 될 수는 없잖아요?

**정교수**  물론. 질량이 음수인 게 아니라 유효질량이 음수로 나오는 거야. 반도체에 전기장을 왼쪽에서 걸어주는 경우를 생각해봐. 양의 전기를 띤 입자는 전기장 방향으로 움직이고 음의 전기를 띤 입자는 전기장의 반대 방향으로 움직이지. 전기장은 $E$로 나타내.

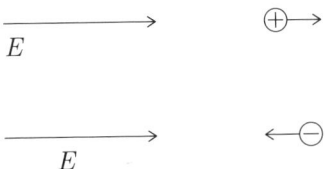

이제 전자의 전하량의 크기를 $e$라고 하면 전자는 음의 전기를 띠고 있으니까 전하량은 $-e$가 된다. 그러니까 전자가 전기장 $E$를 받을 때 전자에 작용하는 힘은 $(-e)E$가 된다.[24]

전도대의 전자의 유효질량을 고려한 뉴턴 방정식을 쓰면

$$m_n a = -eE \tag{2-4-11}$$

가 된다.

---

24] 『특수상대성이론』(성림원북스) 참고

하지만 가전자대에서 전자의 유효질량을 고려한 뉴턴 방정식을 쓰면

$$m^*a = -eE \qquad (2\text{-}4\text{-}12)$$

가 되는데, 여기서 $m^*$는 음수이므로 이 관계식은 조금 문제가 있다. 하지만 음수의 절댓값은 양수이니까 식(2-4-12)는

$$|m^*|a = eE \qquad (2\text{-}4\text{-}13)$$

가 된다. 여기서 우변은 양의 전하량 $e$를 가진 입자가 전기장 $E$ 속에서 받는 힘이고 $|m^*|$는 양의 질량이 된다. 그러니까 가전자대의 전자가 튀어나간 자리인 정공을 질량은 $|m^*|$이고 전하량은 $e$인 가상의 입자처럼 간주하면 된다. 이때 정공의 질량을 $m_p$라고 쓴다. 그러니까 정공이 가진 에너지는

$$E = E_v - \frac{\hbar^2 k^2}{2m_p} \qquad (2\text{-}4\text{-}14)$$

이 된다.

그러니까 반도체에 전기장을 걸어주면 전도대의 전자는 전기장의 반대 방향으로 이동하고 가전자대의 정공은 전기장 방향으로 이동하게 된다.

세상에서 가장 쉬운 과학 수업 반도체 혁명

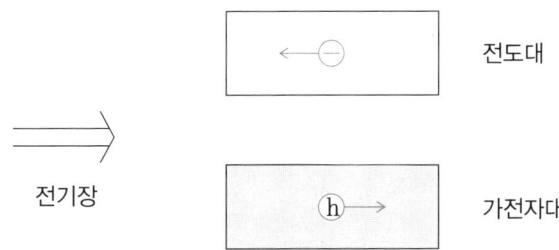

그림에서 ⊖는 전자를 나타내고 ⓗ는 정공을 나타낸다.

대표적인 반도체인 Si과 Ge의 유효질량은 다음과 같다.

Si: $m_n = 1.08m_e$ $\qquad$ $m_p = 0.56m_e$

Ge: $m_n = 0.55m_e$ $\qquad$ $m_p = 0.37m_e$

여기서 $m_e$는 전자의 질량이다.

$m_e = 9.11 \times 10^{-31}\,(\text{kg})$

세 번째 만남

•

# 페르미 디랙 통계

# 양자통계역학 _ 양자역학과 통계물리학의 만남

**정교수**　이제 양자역학을 통계물리학에 적용한 과학자들의 이야기를 할 거야.

**물리양**　통계물리학이 뭐죠?

**정교수**　개수가 많을 때 확률과 통계를 이용해 물리계를 연구하는 물리학이야.

**물리양**　양자역학과 통계물리학이 어떻게 결합하는 거죠?

**정교수**　양자역학은 슈뢰딩거 방정식을 풀어서 허용 가능한 에너지와 그에 대응되는 파동함수를 결정하는 이론이야.

**물리양**　허용이 안 되는 에너지도 생기겠군요.

**정교수**　그렇지. 네 주머니에 10원짜리 동전과 100원짜리 동전만 있다고 해봐. 이때 30원은 만들 수 있지?

**물리양**　물론이죠. 10원짜리 세 개로 만들면 돼요.

**정교수**　55원은 만들 수 있니?

**물리양**　불가능해요.

**정교수**　바로 그거야. 이때 30원은 허용 가능한 지불 금액이고 55원은 허용이 안 되는 지불 금액이라고 생각하면 돼.

**물리양**　허용 안 되는 지불 금액이 곧 허용 안 되는 에너지를 비유하는군요.

**정교수**　맞아. 허용 가능한 에너지를 에너지가 작은 경우부터 차례대로 나열할 수가 있지.

물리양  시험 점수로 점수가 작은 학생부터 차례대로 나타내는 것과 비슷하네요.

정교수  좋은 비유야. 그런데 점수가 같은 학생들도 있을 수 있지?

물리양  물론이죠. 동점자가 많이 나와요.

정교수  그걸 꼭 기억해.

## 보즈-아인슈타인 통계 _ 아인슈타인에게 보낸 편지

물리양  양자역학과 통계역학을 결합한 이론을 양자통계역학이라고 부르는데, 이 문제를 처음 생각한 사람은 인도의 보즈야.

사티엔드라 나드 보즈
(Satyendra Nath Bose, 1894~1974, 인도)

보즈는 인도의 캘커타(현재 콜카타)에서 태어났다. 그의 집안은 대대로 벵골 회장단의 나디아 지역에 있는 바라 자굴리아(Bara Jagulia) 마을에 살았다. 그의 학교 교육은 5세 때 집 근처에서 시작되었다. 그러다가 가족이 고아바간(Goabagan)으로 이사하고 그는 뉴 인디언 학교에 입학했다. 보즈는 프레지던시 칼리지(Presidency College)에서 수학 학사 학위를 받았고 그 후 아슈토시 무케르지(Ashutosh Mukherjee) 경이 새로 설립한 과학 대학에 들어가 1915년에 수학 시험에서 1등을 차지했다. 1916년 캘커타 대학의 연구원이 된 보즈는 상대성이론에 관한 연구를 시작했다.

보즈는 벵골어, 영어, 프랑스어, 독일어, 산스크리트어 등 다양한 언어를 구사했고 시에도 능통했으며 바이올린과 유사한 인도 악기 에스라즈(esraj)를 연주하기도 했다.

1921년에 보즈는 새로 설립한 다카 대학(University of Dhaka) 물리학과의 전임 교원이 되었다. 보즈는 석사 및 학사 학위를 위한 열역학과 전자기학을 강의했다.

보즈는 인도 천체물리학자 메그나드 사하(Meghnad Saha)와 함께 1918년부터 이론물리학과 순수수학에 관한 여러 논문을 발표했다.

메그나드 사하
(Meghnad Saha, 1893~1956, 인도)

1924년 보즈는 고전 물리학을 전혀 참조하지 않고 동일한 입자의 상태를 계산하는 새로운 방법을 사용하여 플랑크의 양자 복사 법칙을 도출하는 논문을 썼다. 이 논문은 양자통계역학이라는 중요한 분야를 창안하는 데 큰 역할을 했다. 이 논문은 출판이 거부되었지만 그는 이 논문을 아인슈타인에게 직접 보냈다.

존경하는 아인슈타인 선생님, 귀하의 정독과 의견을 위해 제가 쓴 논문을 보내드리게 되었습니다. 당신이 그것에 대해 어떻게 생각하는지 알고 싶습니다. 나는 이 논문을 번역할 만큼 충분한 독일어를 모릅니다. 논문을 출판할 가치가 있다고 생각하시면 『자이트쉬리프트 퓌어 피지크(Zeitschrift für Physik)』에 실리도록 해주시면 감사하겠습니다. 나는 당신에게 전혀 낯선 사람이지만 그러한 요청을 하는 데 아무런 주저함도 느끼지 않습니다. 우리 모두 당신의 제자입니다. 캘커타 출신 누군가가 당신의 상대성이론에 관한 논문을 영어로 번역해달라고 당신에게 허락을 요청했던 일을 아직도 기억하는지 모르겠습니다. 요청에 동의하셨습니다. 나는 일반상대성이론에 관한 당신의 논문을 번역한 사람이었습니다.

― 보즈

보즈가 보낸 논문의 중요성을 인식한 아인슈타인은 이를 독일어로 직접 번역하고 보즈를 대신하여 독일의 물리학 저널인 『자이트쉬리프트 퓌어 피지크』에 실리는 데 도움을 주었다.[25] 이후 보즈는 유럽의

---

25) Bose(1924), "Plancks Gesetz und Lichtquantenhypothese", Zeitschrift für Physik(in German), 26(1): 178~181.

X선 및 결정학 실험실에서 2년 동안 일할 수 있었고, 그동안 드브로이, 퀴리 부인, 아인슈타인과 함께 일했다.

물리양  보즈의 논문 내용을 알고 싶어요.

정교수  보즈는 허용된 양자 상태는 에너지에 의해 특징 지워지니까 이 에너지들을

$$E_1 < E_2 < E_3 < \cdots$$

와 같이 나열했어. 그리고 일반적으로 에너지 $E_i$를 가진 허용된 상태가 $g_i$개이고 에너지 $E_i$를 가진 입자의 수가 $N_i$인 경우를 생각했어.

예를 들어 $g_i = 3$이고 $N_i = 2$인 경우를 보자. 세 개의 허용된 상태를 1, 2, 3이라고 하고 입자를 •로 나타내면 다음과 같은 경우가 생긴다.

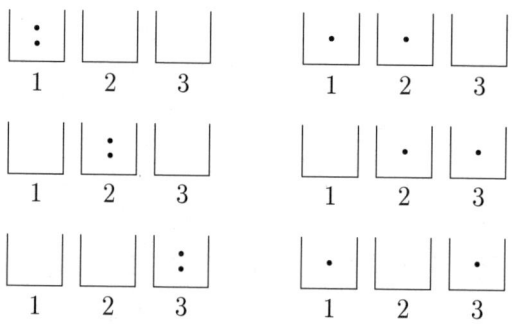

즉 6가지 경우가 생긴다. 이 경우는 다음과 같다.

$$1\ 1$$

$$1\ 2$$

$$2\ 2$$

$$2\ 3$$

$$3\ 3$$

$$1\ 3$$

이것은 3개 중에서 2개를 뽑는 중복 조합 수인

$$_3H_2 = 6$$

을 나타낸다. 그러므로 허용된 상태가 $g_i$개이고 입자 수가 $N_i$개일 때 가능한 경우의 수를 $W_i$라고 하면

$$W_i = {}_{g_i}H_{N_i} = {}_{g_i + N_i - 1}C_{N_i} = \frac{(g_i + N_i - 1)!}{N_i!\,(g_i - 1)!}$$

가 된다.


물리양   지금 계산한 경우의 수는 에너지가 $E_i$인 입자들에 대한 경우의 수네요.

정교수   맞아. 에너지가 $E_1$인 입자들에 대한 경우의 수는 $W_1$이고 에너지가 $E_2$인 입자들에 대한 경우의 수는 $W_2$, 이런 식으로 각각 허용된 에너지에 대한 모든 경우의 수를 생각해야지. 에너지가 다른 입자들의 경우의 수를 헤아리는 경우는 독립적이니까 경우의 수에 대한

곱의 법칙을 적용하면 총 경우의 수는

$$W = \prod_i W_i = W_1 W_2 W_3 \cdots$$

로 나타낼 수 있어.

정교수    보즈는 평형이란 가장 무질서한 경우라는 사실로부터 총 경우의 수가 최대가 되기 위한 조건을 찾았어.

물리양    굉장히 복잡하겠는데요.

정교수    물론이야. 보즈가 한 일을 알려면 두 가지를 이해해야 해. 반지름이 10인 원에 내접하는 사각형의 넓이가 최대가 되려면 이 사각형은 어떤 사각형이 돼야 할까?

물리양    글쎄요.

정교수    다음과 같이 좌표를 도입해봐.

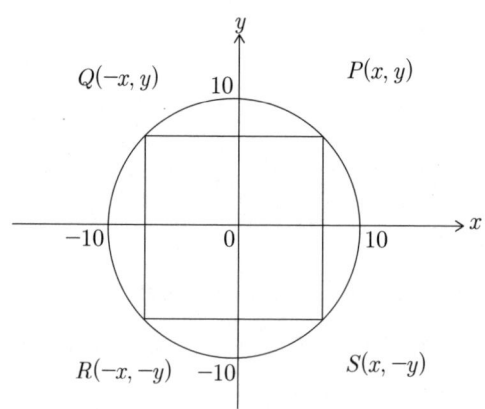

세상에서 가장 쉬운 과학 수업 반도체 혁명

정교수  이 그림은 원에 내접한 직사각형을 그린 거야. 여기서 $x>0$, $y>0$이라고 해봐. 이 직사각형의 넓이는 뭐지?

물리양  가로의 길이는 $2x$이고 세로의 길이는 $2y$이니까 직사각형 PQRS의 넓이를 $f$라고 하면

$$f = 4xy$$

가 돼요.

정교수  잘했어. 그런데 $x, y$는 아무렇게나 취해지지 않아. 점 P, Q, R, S가 원 위의 점이기 때문이지. 그러니까

$$x^2 + y^2 = 10^2$$

또는

$$x^2 + y^2 = 100$$

이 되지. 그러니까

$$y = \sqrt{100 - x^2}$$

이 돼. 따라서

$$f = 4x\sqrt{100 - x^2}$$

이 돼. 이것의 극값을 조사하려면

$$f'(x) = 0$$

인 $x$를 찾아야해.

$$f' = 4\sqrt{100 - x^2} + 4x\left(\frac{-x}{\sqrt{100 - x^2}}\right) = 0$$

을 풀면

$$x^2 = 50$$

즉,

$$x = 5\sqrt{2}$$

일 때 직사각형의 넓이는 극값을 가져. 이때

$$y = 5\sqrt{2}$$

가 되지. 즉 이 직사각형이 정사각형일 때 넓이는 극값을 가지게 돼.

물리양  극값을 가진다고 해서 최댓값이 되는 건 아니잖아요?

정교수  맞아. 이럴 때는 극값과 경곗값을 비교하면 돼. $0 \leq x \leq 10$이고

$$f(0) = 0$$

$$f(10) = 0$$

이니까 이 극값은 극댓값이 돼. 주어진 구간 $0 \leq x \leq 10$에서 극댓값이 하나뿐이니까 이 극댓값은 최댓값이 되지.

**물리양**　고등학교 미적분학에서 배웠어요.

**정교수**　이것을 다르게 푸는 방법도 있어. 프랑스의 수학자 라그랑주는 이 문제를 편미분을 이용해서 푸는 방법을 알아냈어. 주어진 문제는 $f = 4xy$라는 이변수 함수의 극값을 구하는 문제야. 하지만 $x, y$는 서로 독립적이지 않지.

**물리양**　$x^2 + y^2 = 100$ 때문이군요.

**정교수**　맞아. 이 식은 $x^2 + y^2 - 100 = 0$이라고 쓸 수 있는데, 이렇게 $x, y$의 어떤 관계가 0이 되는 식을 '구속식'이라고 불러. 라그랑주는 이렇게 구속식이 있을 때 $f$ 대신

$$f* = f + \lambda(x^2 + y^2 - 100)$$

$$= 4xy + \lambda(x^2 + y^2 - 100)$$

의 극대 극소를 조사해도 된다는 것을 알아냈지. 이때 구속식에 곱한 수 $\lambda$를 '라그랑주곱수'라고 불러.

**물리양**　이변수 함수의 극값조건은 어떻게 되죠?

**정교수**　일변수 함수의 극값조건과 비슷하지만 이변수 함수는 변수가 두 개이므로

$$\frac{\partial f*}{\partial x} = 0$$

그리고

$$\frac{\partial f *}{\partial y} = 0$$

을 동시에 만족해야 해. 여기서 $\frac{\partial f *}{\partial x}$ 는 $x$에 대한 편미분이라고 부르는데 $x$만 문자로 생각하고 미분을 하는 걸 말해. 마찬가지로 $\frac{\partial f *}{\partial y}$ 는 $y$에 대한 편미분이라고 부르는데, $y$만 문자로 생각하고 미분을 하는 걸 말하지. 이변수 함수의 극값조건을 이용하면

$$\frac{\partial f *}{\partial x} = 4y + 2\lambda x = 0$$

$$\frac{\partial f *}{\partial y} = 4x + 2\lambda y = 0$$

이 돼. 이 두 식을 연립해 풀면,

$$x = y$$

가 되지. 즉, $f*$는 $x = y = 5\sqrt{2}$ 일 때 극값을 가지게 돼. 이때

$$\lambda = -\frac{4y}{2x} = -2 < 0$$

이 돼. 이때

$$\frac{\partial^2 f *}{\partial x^2} = 2\lambda = -4 < 0$$

　세상에서 가장 쉬운 과학 수업 반도체 혁명

이고,

$$\frac{\partial^2 f*}{\partial y^2} = 2\lambda = -4 < 0$$

이므로 이 극값은 극댓값이 돼. 극댓값이 한 개이므로 이 값은 최댓값이 되지. 그러니까 $f*$는 $x = y = 5\sqrt{2}$일 때 최댓값을 가지게 돼.

물리양  완전히 일치하네요.

정교수  맞아. 수학은 서로 다른 방법을 채택해 풀어도 답이 같아져야 하니까.

물리양  그렇군요.

정교수  두 번째 필요한 공식은 수학자 스털링이 알아낸 근사공식이야. $N$이 아주 클 때

$$\ln N! \approx N\ln N - N$$

이라는 공식이야.

우리는 $W$가 최대가 되려면 각각의 에너지 상태에 몇 개씩 입자가 있어야 하는지를 구할 거야. 그런데 $W$가 최대가 되기 위한 조건과 $\ln W$가 최대가 되기 위한 조건은 같아.

물리양  로그함수가 증가함수이기 때문이죠?

정교수  맞아. $W$가 클수록 $\ln W$도 커지지. 그러니까

$$f = \ln W = \ln W_1 + \ln W_2 + \ln W_3 + \cdots$$

$$= \ln \frac{(g_1 + N_1 - 1)!}{N_1!(g_1 - 1)!} + \ln \frac{(g_2 + N_2 - 1)!}{N_2!(g_2 - 1)!} + \ln \frac{(g_3 + N_3 - 1)!}{N_3!(g_3 - 1)!} + \cdots$$

$$= \ln(g_1 + N_1 - 1)! - \ln N_1! - \ln(g_1 - 1)!$$

$$+ \ln(g_2 + N_2 - 1)! - \ln N_2! - \ln(g_2 - 1)!$$

$$+ \ln(g_3 + N_3 - 1)! - \ln N_3! - \ln(g_3 - 1)!$$

$$+ \cdots$$

이제 우리는 입자가 아주 많은 경우를 생각할 거야. 그러면 펙토리얼에 대한 스털링 공식을 이용할 수 있어. 그러니까 스털링 근사를 하면

$$f = (g_1+N_1-1)\ln(g_1+N_1-1) - N_1\ln N_1 - (g_1-1)\ln(g_1-1)$$
$$+ (g_2+N_2-1)\ln(g_2+N_2-1) - N_2\ln N_2 - (g_2-1)\ln(g_2-1)$$
$$+ \cdots$$

가 돼. 그런데 우리가 다루는 계의 총 입자 수가 $N$으로 일정하고 계의 총에너지가 $E$로 일정하다면 다음과 같은 두 개의 구속식이 존재해.

$$N_1 + N_2 + \cdots = N = \text{일정}$$

$$N_1 E_1 + N_2 E_2 + \cdots = E = \text{일정}$$

그러니까 $f$의 극값이 아니라

세상에서 가장 쉬운 과학 수업 반도체 혁명

$$f^* = f + \lambda_1[(N_1 + N_2 + \cdots) - N] + \lambda_2[(N_1 E_1 + N_2 E_2 + \cdots) - E]$$

의 극값을 조사해야 해. 이것은

$$\frac{\partial f^*}{\partial N_1} = 0$$

$$\frac{\partial f^*}{\partial N_2} = 0$$

$$\vdots$$

을 의미하지. 그러니까

$$\ln(g_1 + N_1 - 1) - \ln N_1 + \lambda_1 + \lambda_2 E_1 = 0$$

$$\ln(g_2 + N_2 - 1) - \ln N_2 + \lambda_1 + \lambda_2 E_2 = 0$$

$$\vdots$$

또는

$$\ln \frac{g_1 + N_1 - 1}{N_1} = -\lambda_1 - \lambda_2 E_1$$

$$\ln \frac{g_2 + N_2 - 1}{N_2} = -\lambda_1 - \lambda_2 E_2$$

$$\vdots$$

가 돼. $g_1$와 $N_1$가 아주 큰 수이므로 여기서 1을 빼는 건 안 빼는 거와 크게 다르지 않아. 그러니까 위 식은 다음과 같이 쓸 수 있지.

$$\ln \frac{g_1 + N_1}{N_1} = -\lambda_1 - \lambda_2 E_1$$

$$\ln \frac{g_2 + N_2}{N_2} = -\lambda_1 - \lambda_2 E_2$$

$$\vdots$$

이 식을 풀면

$$\frac{N_1}{g_1} = \frac{1}{e^{-\lambda_1 - \lambda_2 E_1} - 1}$$

$$\frac{N_2}{g_2} = \frac{1}{e^{-\lambda_1 - \lambda_2 E_2} - 1}$$

$$\vdots$$

이 되지. 일반적으로 $i$번째 에너지 상태를 생각하면

$$\frac{N_i}{g_i} = \frac{1}{e^{-\lambda_1 - \lambda_2 E_i} - 1}$$

이 돼. 일반적으로 물리학자들은

$$\lambda_2 = -\frac{1}{k_B T}$$

세상에서 가장 쉬운 과학 수업 반도체 혁명

로 선택하고,

$$\lambda_1 = \frac{\mu}{k_B T}$$

로 선택하지. 그러면

$$\frac{N_i}{g_i} = \frac{1}{e^{\frac{1}{k_B T}(E_i - \mu)} - 1}$$

의 꼴이 돼. 이러한 통계를 만족하는 입자를 물리학자들은 보존이라고 불러.

## 페르미 디랙 통계 _ 총 경우의 수를 최대치로 하려면?

정교수　보존은 하나의 양자 상태에 여러 개의 입자가 있을 수 있어. 하지만 하나의 양자 상태에 들어갈 수 있는 입자 수가 제한되는 입자도 있어. 이러한 입자를 '페르미온'이라고 부르는데, 물리학자 페르미가 이 입자를 처음 연구했기 때문이지. 대표적인 페르미온으로는 전자가 있어. 만일 입자의 스핀을 고려하지 않으면 하나의 양자 상태에 오직 한 개의 전자만이 들어갈 수 있지.

　페르미는 허용된 양자 상태는 에너지에 의해 특징 지워지니까 에너지들을

$$E_1 < E_2 < E_3 < \cdots$$

와 같이 나열했다. 그리고 일반적으로 에너지 $E_i$를 가진 허용된 상태가 $g_i$개이고 에너지 $E_i$를 가진 입자의 수가 $N_i$인 경우를 생각했다.

예를 들어 $g_i = 4$이고 $N_i = 3$인 경우를 보자. 네 개의 허용된 상태를 1, 2, 3, 4라고 하고 전자를 • 로 나타내면 다음과 같은 경우가 생긴다.

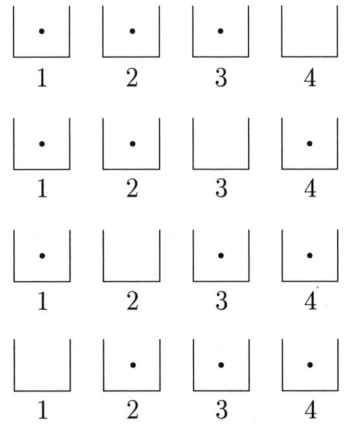

즉 4가지 경우가 생긴다. 이 경우는 다음과 같다.

1 2 3

1 2 4

1 3 4

2 3 4

이것은 4개 중에서 3개를 뽑는 조합 수인

$$_4C_3 = 4$$

이다. 그러므로 허용된 상태가 $g_i$개이고 입자 수가 $N_i$개일 때 가능한 경우의 수를 $W_i$라고 하면

$$W_i = {}_{g_i}C_{N_i} = \frac{g_i!}{N_i!(g_i - N_i)!}$$

가 된다.

**물리양**  지금 계산한 경우의 수는 에너지가 $E_i$인 입자들에 대한 경우의 수네요.

**정교수**  맞아. 에너지가 $E_1$인 입자들에 대한 경우의 수는 $W_1$이고 에너지가 $E_2$인 입자들에 대한 경우의 수는 $W_2$, 이런 식으로 각각 허용된 에너지에 대한 모든 경우의 수를 생각해야지. 에너지가 다른 입자들의 경우의 수를 헤아리는 경우는 독립적이니까 경우의 수에 대한 곱의 법칙을 적용하면 총 경우의 수는

$$W = \prod_i W_i = W_1 W_2 W_3 \cdots$$

로 나타낼 수 있어.

페르미는 평형이란 가장 무질서한 경우라는 사실로부터 총 경우의

수가 최대가 되기 위한 조건을 찾았다. 우리는 $W$가 최대가 되려면 각각의 에너지 상태에 몇 개씩 입자가 있어야 하는지를 구할 것이다. 그런데 $W$가 최대가 되기 위한 조건과 $\ln W$가 최대가 되기 위한 조건은 같다. 그러니까

$$f = \ln W = \ln W_1 + \ln W_2 + \ln W_3 + \cdots$$

$$= \ln \frac{g_1!}{N_1!(g_1 - N_1)!} + \ln \frac{g_2!}{N_2!(g_2 - N_2)!} + \ln \frac{g_3!}{N_3!(g_3 - N_3)!} + \cdots$$

$$= \ln g_1! - \ln N_1! - \ln (g_1 - N_1)!$$

$$+ \ln g_2! - \ln N_2! - \ln (g_2 - N_2)!$$

$$+ \ln g_3! - \ln N_3! - \ln (g_3 - N_3)!$$

$$+ \cdots$$

이제 우리는 입자가 매우 많은 경우를 생각할 것이다. 그러면 펙토리얼에 대한 스털링 공식을 이용할 수 있다. 그러니까 스털링 근사를 하면

$$f = g_1 \ln g_1 - N_1 \ln N_1 - (g_1 - N_1) \ln (g_1 - N_1)$$

$$+ g_2 \ln g_2 - N_2 \ln N_2 - (g_2 - N_2) \ln (g_2 - N_2)$$

$$+ \cdots$$

가 된다. 그런데 우리가 다루는 계의 총 입자 수가 $N$으로 일정하고 계의

세상에서 가장 쉬운 과학 수업 반도체 혁명

총에너지가 $E$로 일정하다면 다음과 같은 두 개의 구속식이 존재한다.

$$N_1 + N_2 + \cdots = N = 일정$$

$$N_1 E_1 + N_2 E_2 + \cdots = E = 일정$$

그러니까 $f$의 극값이 아니라

$$f^* = f + \lambda_1[(N_1 + N_2 + \cdots) - N] + \lambda_2[(N_1 E_1 + N_2 E_2 + \cdots) - E]$$

의 극값을 조사해야 한다. 이것은

$$\ln(g_1 - N_1) - \ln N_1 + \lambda_1 + \lambda_2 E_1 = 0$$

$$\ln(g_2 + N_2) - \ln N_2 + \lambda_1 + \lambda_2 E_2 = 0$$

$$\vdots$$

가 된다.

이 식을 풀면

$$\frac{N_1}{g_1} = \frac{1}{e^{-\lambda_1 - \lambda_2 E_1} + 1}$$

$$\frac{N_2}{g_2} = \frac{1}{e^{-\lambda_1 - \lambda_2 E_2} + 1}$$

$$\vdots$$

가 된다. 일반적으로 $i$번째 에너지 상태를 생각하면

$$\frac{N_i}{g_i} = \frac{1}{e^{-\lambda_1 - \lambda_2 E_i} + 1}$$

이 된다. 여기서

$$\lambda_2 = -\frac{1}{k_B T}$$

이니까

$$\lambda_1 = \frac{\mu}{k_B T}$$

라고 쓰면,

$$\frac{N_i}{g_i} = \frac{1}{e^{\frac{1}{k_B T}(E_i - \mu)} + 1}$$

이 된다. 이것을 페르미 디랙 통계라고 부른다.[26,27]

26) Fermi, Enrico(1926), "Sulla quantizzazione del gas perfetto monoatomico", Rendiconti Lincei (in Italian). 3: pp. 145~9.

27) Dirac, Paul A. M.(1926), "On the Theory of Quantum Mechanics", Proceedings of the Royal Society A. 112(762): pp. 661~77.

세상에서 가장 쉬운 과학 수업 반도체 혁명

네 번째 만남

•

# 반도체이론

## 자유전자의 양자 상태 밀도 _ 에너지의 제곱근에 비례

**정교수**  반도체이론을 알려면 페르미 디랙 통계에서 $\mu$의 의미를 알아내야 해. 그러려면 에너지가 연속적인 경우의 페르미 디랙 통계를 찾아야 하지.

**물리양**  에너지가 연속적이면 양자 상태를 헤아릴 수 없잖아요?

**정교수**  그럴까? 에너지가 연속적이면 $E_i$로 나타낼 수 없어. 그러니까 어떤 연속에너지 $E$를 변수로 사용해야 해. 그러면 $g_i$는 $g(E)$라는 함수로 바뀌고 $N_i$은 $N(E)$가 되지. 즉 $N(E)$는 에너지 $E$를 갖는 전자수가 돼. 그러니까 3강에서 구한 식은

$$\frac{N(E)}{g(E)} = \frac{1}{e^{\frac{1}{k_B T}(E-\mu)} + 1}$$

이 되지.

**물리양**  $g(E)$는 어떻게 구하죠?

**정교수**  $g(E)$를 '양자 상태 밀도'라고 불러. 이것을 구하려면 양자역학이 필요해. 그런데 우리가 다루는 반도체는 3차원 물체이니까 3차원 양자역학이 필요하지. 3차원의 위치는 $(x, y, z)$로 묘사되고, 물체의 운동량도 세 개의 성분 $(p_x, p_y, p_z)$에 의해 묘사돼. 하이젠베르크-보른-요르단은 고전역학에서의 위치와 운동량이 다음과 같은 관계를 만족하는 연산자로 기술된다는 것을 알아냈지.

세상에서 가장 쉬운 과학 수업 반도체 혁명

$$\hat{x}\hat{p}_x - \hat{p}_x\hat{x} = i\hbar$$

$$\hat{y}\hat{p}_y - \hat{p}_y\hat{y} = i\hbar$$

$$\hat{z}\hat{p}_z - \hat{p}_z\hat{z} = i\hbar \qquad\qquad (4\text{-}1\text{-}1)$$

이러한 연산자들은 3차원 공간에서 움직이는 전자의 파동함수

$$\psi(x, y, z)$$

에 작용하면 다음과 같이 나타낼 수 있다.

$$\hat{x} \;\rightarrow\; x$$

$$\hat{y} \;\rightarrow\; y$$

$$\hat{z} \;\rightarrow\; z$$

$$\hat{p}_x \;\longrightarrow\; \frac{\hbar}{i}\frac{\partial}{\partial x}$$

$$\hat{p}_y \;\longrightarrow\; \frac{\hbar}{i}\frac{\partial}{\partial y}$$

$$\hat{p}_z \;\longrightarrow\; \frac{\hbar}{i}\frac{\partial}{\partial z}$$

그러니까 질량 $m$인 입자가 퍼텐셜 $V$를 받을 때 해밀토니안 연산자 $\hat{H}$는

$$\hat{H} = \frac{1}{2m}\Big[(\hat{p_x})^2 + (\hat{p_y})^2 + (\hat{p_z})^2\Big] + V(\hat{x},\hat{y},\hat{z})$$

가 된다. 그러니까 3차원에서의 슈뢰딩거 방정식은

$$\hat{H}\,\psi(x,y,z) = E\,\psi(x,y,z)$$

또는

$$\left[-\frac{\hbar^2}{2m}\left(\frac{\partial^2}{\partial x^2} + \frac{\partial^2}{\partial y^2} + \frac{\partial^2}{\partial z^2}\right) + V(x,y,z)\right]\psi(x,y,z) = E\,\psi(x,y,z)$$

가 된다. 이제 우리는 한 변의 길이가 $L$인 상자 속의 자유전자를 생각할 것이다. 다음 그림과 같이 좌표를 도입해보자.

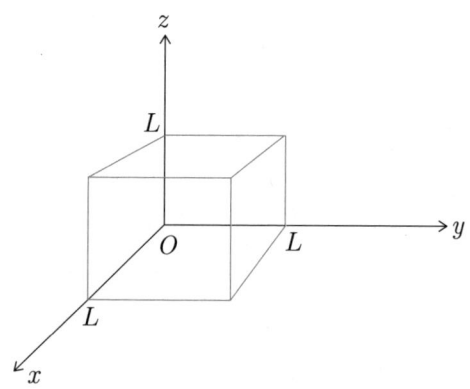

자유전자이니까 $V = 0$이라고 놓으면 된다. 그러니까 자유전자가 만족하는 슈뢰딩거 방정식은

$$-\frac{\hbar^2}{2m}\left(\frac{\partial^2}{\partial x^2}+\frac{\partial^2}{\partial y^2}+\frac{\partial^2}{\partial z^2}\right)\psi(x,y,z)=E\,\psi(x,y,z) \qquad (4\text{-}1\text{-}2)$$

가 된다. 이 방정식은 $\psi(x,\,y,\,z)$을 $x$만의 함수와 $y$만의 함수와 $z$만의 함수의 곱으로 쓰면 아주 쉽게 풀린다. 다음과 같이 놓아보자.

$$\psi(x,\,y,\,z)=X(x)\,Y(y)\,Z(z)$$

이때

$$\frac{\partial^2}{\partial x^2}\psi(x,y,z)=\frac{\partial^2}{\partial x^2}\big(X(x)\,Y(y)\,Z(z)\big)$$

가 되는데 $Y$와 $Z$는 $x$의 함수가 아니니까,

$$\frac{\partial^2}{\partial x^2}\psi(x,y,z)=YZ\frac{d^2X}{dx^2} \qquad (4\text{-}1\text{-}3)$$

가 된다.

물리양   왜 편미분이 미분으로 바뀐 거죠?

정교수   $X(x)$는 $x$만의 함수이니까 편미분이나 미분이나 같아지거든.

물리양   그렇군요.

정교수   같은 방법으로

$$\frac{\partial^2}{\partial y^2}\psi(x,y,z)=XZ\frac{d^2Y}{dy^2} \qquad (4\text{-}1\text{-}4)$$

$$\frac{\partial^2}{\partial z^2}\psi(x,y,z) = XY\frac{d^2Z}{dz^2}$$

(4-1-5)

가 되지. 식(4-1-3), (4-1-4), (4-1-5)를 식(4-1-2)에 넣으면,

$$YZ\frac{d^2X}{dx^2} + XZ\frac{d^2Y}{dy^2} + XY\frac{d^2Z}{dz^2} = -\frac{2mE}{\hbar^2}XYZ$$

가 돼. 양변을 $XYZ$로 나누면,

$$\frac{1}{X}\frac{d^2X}{dx^2} + \frac{1}{Y}\frac{d^2Y}{dy^2} + \frac{1}{Z}\frac{d^2Z}{dz^2} = -\frac{2mE}{\hbar^2}$$

가 되지. 이 식에서 $\frac{1}{Z}\frac{d^2Z}{dz^2}$ 는 $z$만의 함수이고, $\frac{1}{X}\frac{d^2X}{dx^2}$ 는 $x$만의 함수이고, $\frac{1}{Y}\frac{d^2Y}{dy^2}$ 는 $y$만의 함수이고, 우변은 상수가 되지. 이렇게 $x$만의 함수와 $y$만의 함수와 $z$만의 함수의 합이 상수가 되려면

$x$만의 함수 = 상수

$y$만의 함수 = 상수

$z$만의 함수 = 상수

가 되어야 해.


물리양  그건 왜죠?

정교수  예를 들어,

$$f(x) + g(y) = C \qquad\qquad (4\text{-}1\text{-}6)$$

이고 $C$는 상수라고 해봐. 그런데

$$f(x) = a_0 + a_1 x + a_2 x^2 + \cdots$$

$$g(y) = b_0 + b_1 y + b_2 y^2 + \cdots$$

라고 하고 이것을 식(4-1-6)에 넣으면

$$(a_0 + b_0) + (a_1 x + a_2 x^2 + \cdots) + (b_1 y + b_2 y^2 + \cdots) = C$$

가 되지? 항등식의 원리에 의해

$$a_0 + b_0 = C$$

$$a_1 = a_2 = \cdots = 0$$

$$b_1 + b_2 = \cdots = 0$$

가 되어야 해. 그러니까 $f(x)$는 상수 $a_0$가 되고, $g(y)$는 상수 $b_0$가 되는 거야. 그러니까

$$\frac{1}{X}\frac{d^2 X}{dx^2} = 상수$$

$$\frac{1}{Y}\frac{d^2 Y}{dy^2} = 상수$$

$$\frac{1}{Z}\frac{d^2 Z}{dz^2} = 상수$$

가 되지.

**물리양**  각각의 상수는 어떤 값을 갖죠?

**정교수**  일차원에서 자유전자의 에너지를 파수로 나타내면

$$E = \frac{\hbar^2}{2m}k^2$$

이 되지? 1차원에서 파수는 3차원에서는 파수벡터 $\vec{k}$로 바뀌고 각각의 성분은 $k_x$, $k_y$, $k_z$가 돼. 그러니까 파수벡터의 크기를 $k$라고 하면

$$k = |\vec{k}| = \sqrt{k_x^2 + k_y^2 + k_z^2}$$

이 되지. 그러니까 3차원에서 자유전자의 에너지는

$$E = \frac{\hbar^2}{2m}k^2 = \frac{\hbar^2}{2m}(k_x^2 + k_y^2 + k_z^2)$$

이 돼. 그러니까

$$\frac{1}{X}\frac{d^2X}{dx^2} = -k_x^2 \tag{4-1-7}$$

$$\frac{1}{Y}\frac{d^2Y}{dy^2} = -k_y^2 \tag{4-1-8}$$

$$\frac{1}{Z}\frac{d^2Z}{dz^2} = -k_z^2 \tag{4-1-9}$$

이 돼.

**물리양**  이 식에서 $XYZ$를 구하면 되는군요.

**정교수**  맞아. 식(4-1-7)을 풀어볼게. 이 식은

$$\frac{d^2 X}{dx^2} = -k_x^2 X$$

라고 쓸 수 있어. 그런데

$$\frac{d^2}{dx^2}(\sin k_x x) = -k_x^2(\sin k_x x)$$

이고,

$$\frac{d^2}{dx^2}(\cos k_x x) = -k_x^2(\cos k_x x)$$

이니까 식(4-1-7)을 풀면

$$X(x) = A\cos k_x x + B\sin k_x x$$

가 돼. 마찬가지로

$$Y(y) = C\cos k_y y + D\sin k_y y$$

$$Z(z) = E\cos k_z z + F\sin k_z z$$

가 돼. 그러니까 상자 속 전자 파동함수는

$$\psi = (A \cos k_x x + B \sin k_x x)(C \cos k_y y + D \sin k_y y)(E \cos k_z z + F \sin k_z z)$$

가 돼.

물리양　이제 미지의 수 $A, B, C, D, E, F$를 구하면 되는군요.

정교수　맞아. 그런데 전자는 상자 속에만 있으니까 상자의 표면에서 전자의 파동함수는 0이 되어야 해. 상자는 여섯 개의 면으로 이루어져 있고 이 여섯 개 면의 식은 다음과 같아.

앞면 : $x = L$
뒷면 : $x = 0$
왼쪽 면 : $y = 0$
오른쪽 면 : $y = L$
아랫면 : $z = 0$
윗면 : $z = L$

그러니까 6개의 표면에서 파동함수가 0이 된다는 것은

$$\psi(0, y, z) = 0 \tag{4-1-10}$$

$$\psi(L, y, z) = 0 \tag{4-1-11}$$

$$\psi(x, y, 0) = 0 \tag{4-1-12}$$

$$\psi(x, y, L) = 0 \tag{4-1-13}$$

$$\psi(x, 0, z) = 0 \tag{4-1-14}$$

$$\psi(x, L, z) = 0 \tag{4-1-15}$$

이 된다.

식(4-1-10)을 보면,

$$A(C \cos k_y y + D \sin k_y y)(E \cos k_z z + F \sin k_z z) = 0$$

이 되어,

$$A = 0$$

이 되고, 식(4-1-14)를 보면

$$C(A \cos k_x x + B \sin k_x x)(E \cos k_z z + F \sin k_z z) = 0$$

이므로

$$C = 0$$

이 되고, 식(4-1-12)를 보면

$$E(A \cos k_x x + B \sin k_x x)(C \cos k_y y + D \sin k_y y) = 0$$

이 되어,

$$E = 0$$

이 된다. 그러니까 파동함수는

$$\psi(x, y, z) = N(\sin k_x x)(\sin k_y y)(\sin k_z z)$$

가 된다. 여기서 $N=BDF$라고 놓았다. 이제 식(4-1-11)을 이용하면

$$N(\sin k_x L)(\sin k_y y)(\sin k_z z) = 0$$

이 된다. 이것은

$$\sin k_x L = 0$$

을 의미하니까

$$k_x L = n_x \pi$$

이고

$$n_x = 1, 2, 3, 4, \cdots$$

가 된다. 그러니까 같은 방법으로

$$k_x = n_x \left( \frac{\pi}{L} \right)$$

$$k_y = n_y \left( \frac{\pi}{L} \right)$$

$$k_z = n_z \left( \frac{\pi}{L} \right)$$

여기서

$$n_x, n_y, n_z = 1, 2, 3, 4, \cdots$$

가 된다.

정교수 이제 $x, y, z$로 표시되는 공간이 아니라 $k_x, k_y, k_z$로 표시되는 공간을 생각해보자. 이 공간을 3차원 $k$공간이라고 부를게. 그런데 3차원 $k$공간은 그림으로 나타내면 이해하기 힘들 거야. 그러니까 2차원 $k$공간을 그려볼게. 허용되는 양자 상태를 점으로 나타내면 다음 그림과 같아.

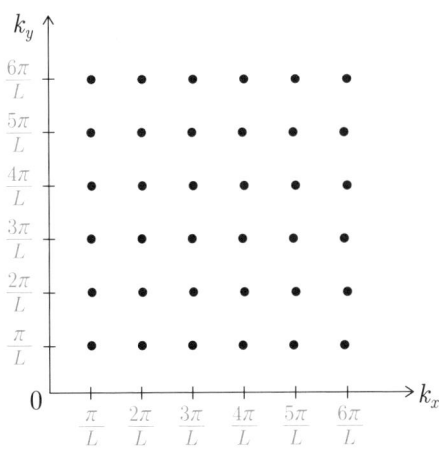

정교수 위 그림에서 한 개의 점은 두 개의 허용된 양자 상태를 나타내.

물리양 왜 두 개죠?

정교수 하나의 상태에 스핀이 반대인 두 개의 전자가 들어갈 수 있기 때문이야. 즉, 스핀 상태를 고려하면 하나의 점은 두 개의 양자 상태를 나타내지.

정교수 이번에는 다음 그림을 봐.

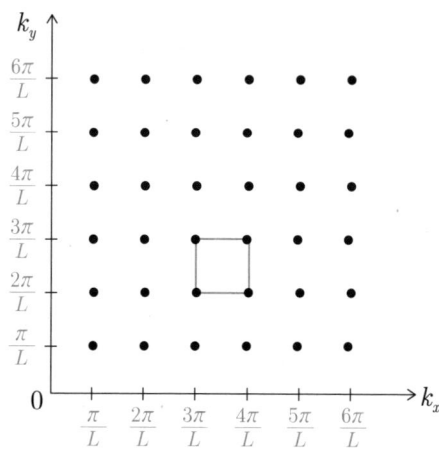

정교수 파란색으로 표시된 정사각형을 봐. 이 정사각형은 한 변의 길이가 $\frac{\pi}{L}$이야. 이 정사각형 속에는 몇 개의 허용된 양자 상태가 있지?

물리양 점 하나당 2개의 허용된 양자 상태가 있으니까 8개가 있네요.

정교수 그렇지 않아. 하나의 점은 네 개의 정사각형에 의해 공유되고 있어. 그러니까 하나의 정사각형 속 점의 개수는 $\frac{1}{4} \times 4$(개)가 돼. 즉 파란색 정사각형 안 양자 상태의 수는

$$\frac{1}{4} \times 4 \times 2 = 2(\text{개})$$

가 돼.

세상에서 가장 쉬운 과학 수업 반도체 혁명

이것을 3차원의 경우로 확장하면 파란색 정사각형은 한 변의 길이가 $\frac{\pi}{L}$인 정육면체가 되고 정육면체의 각 꼭짓점은 8개의 정육면체가 공유하니까 정육면체 속 양자 상태의 수는

$$\frac{1}{8} \times 8 \times 2 = 2(\text{개})$$

가 된다. 이 정육면체의 부피는

$$\left(\frac{\pi}{L}\right)^3$$

이 되니까 $k$공간에서

부피 $\left(\dfrac{\pi}{L}\right)^3$ 속에 양자 상태의 수 $= 2$개

가 된다.

3차원 $k$공간에서 각 점은

$$k_x^2 + k_y^2 + k_z^2 = k^2$$

이라는 구의 방정식을 만족한다. 이제 반지름이 $k$인 구와 반지름이 $k + dk$인 구 사이의 양자 상태 수를 구해보자. 다음 그림은 반지름이 $k$인 구의 그림이다.

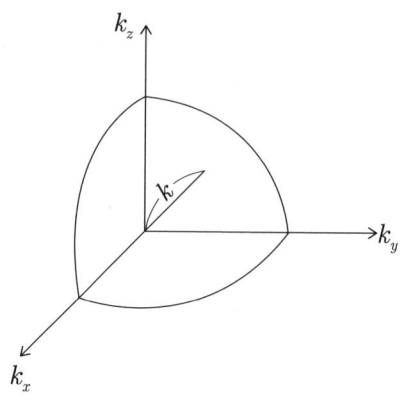

이 구의 부피는

$$\frac{1}{8} \times \frac{4}{3} \pi k^3$$

이 된다. 따라서 반지름이 $k + dk$인 구의 부피는

$$\frac{1}{8} \times \frac{4}{3} \pi (k + dk)^3$$

이 된다. 그러니까 두 구 사이의 부피는

$$\frac{1}{8} \times \frac{4}{3} \pi (k + dk)^3 - \frac{1}{8} \times \frac{4}{3} \pi k^3$$

$$= \frac{1}{8} \times \frac{4}{3} \pi (3k^2 dk + 3k dk^2 + dk^3)$$

이 되는데, $dk$가 너무너무 작으니까 $dk^2$과 $dk^3$을 무시하면

세상에서 가장 쉬운 과학 수업 반도체 혁명

(반지름이 $k$인 구와 반지름이 $k + dk$인 구 사이의 부피)

$$= \frac{\pi}{2} k^2 dk$$

가 된다.

이제 반지름이 $k$인 구와 반지름이 $k + dk$인 구 사이의 양자 상태 수를 $dN(k)$라고 하고 단위 파수당 양자 상태 수를 $g_T(k)$라고 쓰면

$$g_T(k) = \frac{dN(k)}{dk}$$

가 된다. 즉

$$dN(k) = g_T(k)dk$$

가 된다.

그러니까 다음과 같은 비례식을 세울 수 있다.

$$\left(\frac{\pi}{L}\right)^3 : 2 = \frac{\pi}{2} k^2 dk : dN(k)$$

또는

$$\left(\frac{\pi}{L}\right)^3 : 2 = \frac{\pi}{2} k^2 dk : g_T(k) dk$$

이 비례식을 풀면

$$g_T(k)\,dk = \frac{L^3}{\pi^2}k^2\,dk$$

가 된다. 그런데 우리는 파수보다는 전자의 에너지에 관심이 더 많으므로 에너지당 양자 상태 수가 필요하다.

에너지당 양자 상태 수를 $g_T(E)$라고 두고

$$g_T(E)\,dE = g_T(k)\,dk \qquad\qquad (4\text{-}1\text{-}16)$$

로 정의하면

$$g_T(E)\,dE = \frac{L^3}{\pi^2}k^2\,dk$$

가 된다. 한편

$$k^2 = \frac{2mE}{\hbar^2}$$

로부터

$$dk = \frac{1}{\hbar}\sqrt{\frac{m}{2E}}\,dE$$

가 되어, 식(4-1-16)은

$$g_T(E)\,dE = \frac{4\pi L^3}{h^3} \cdot (2m)^{3/2} \sqrt{E}\,dE$$

또는

$$g_T(E) = \frac{4\pi L^3}{h^3} \cdot (2m)^{3/2} \sqrt{E}$$

가 된다. 이것은 3차원 $x, y, z$ 공간에서 부피 $L^3$인 정육면체 속의 허용된 양자 상태 수를 나타낸다. 이것을 부피로 나눈 값은 결정의 단위 부피당 단위 에너지당 양자 상태 수를 나타내는데, 이것을 '양자 상태 밀도'라고 부르고 $g(E)$로 나타낸다.

$$g(E) = \frac{4\pi}{h^3} \cdot (2m)^{3/2} \sqrt{E}$$

즉 자유전자의 양자 상태 밀도는 에너지의 제곱근에 비례한다.

물리양   반도체에서 양자 상태 밀도는 어떻게 되죠?

정교수   전도대는 전자가 주인공이고 가전자대는 정공이 주인공이야. 전도대에서

$$E - E_c = \frac{\hbar^2}{2m_n} k^2$$

이 되고, 이때 전자의 질량 대신 전자의 유효질량을 이용해야 하니까 전도대에서 전자의 양자 상태 밀도는

$$g_c(E) = \frac{4\pi}{h^3} \cdot (2m_n)^{3/2} \sqrt{E - E_c}$$

가 되지.

가전자대의 경우에는

$$E_v - E = \frac{\hbar^2}{2m_p} k^2$$

이 되니까, 가전자대의 양자 상태 밀도는

$$g_v(E) = \frac{4\pi}{h^3} \cdot (2m_p)^{3/2} \sqrt{E_v - E}$$

가 돼.

## 페르미 디랙 분포함수 _ 온도와 페르미 확률밀도함수의 상관관계

정교수  계속 설명해볼게. 이제

$$\frac{N(E)}{g(E)} = f(E)$$

라고 두면 전자는 페르미온이므로 페르미−디랙 통계의 분포식을 만족해. 그러니까

세상에서 가장 쉬운 과학 수업 반도체 혁명

$$f(E) = \cfrac{1}{e^{\frac{1}{k_B T}(E-\mu)} + 1}$$

(4-2-1)

이 돼. 여기서 $f(E)$는 에너지 $E$인 양자 상태를 전자가 차지할 확률을 나타내는데, 이것을 '페르미 확률밀도함수'라고 불러.

물리양  아직도 $\mu$의 의미는 안 나타나네요.

정교수  온도가 절대 0도인 경우($T$=0)를 생각해볼게. 이때 $\dfrac{1}{k_B T}$는 무한대에 가까운 값이 되지. 만일 $E>\mu$이면 $e^{\frac{1}{k_B T}(E-\mu)}$는 무한대에 가까워져. 그러니까

$f(E)=0 \quad (E>\mu)$

가 돼. 이번에는 $E<\mu$인 경우를 생각해봐. 이때

$$e^{\frac{1}{k_B T}(E-\mu)} = e^{-\frac{1}{k_B T}(\mu-E)} = \cfrac{1}{e^{\frac{1}{k_B T}(\mu-E)}}$$

이 되는데, $e^{\frac{1}{k_B T}(\mu-E)}$이 무한대에 가까워지니까 $e^{\frac{1}{k_B T}(E-\mu)}$는 0에 가까워지게 돼. 그러니까

$f(E)=1 \quad (E<\mu)$

이것을 그림으로 그리면 다음과 같아.

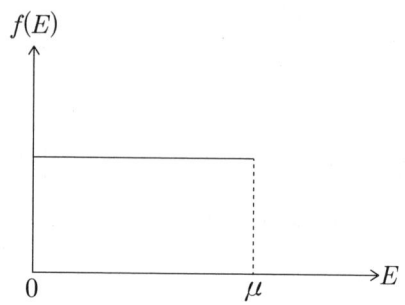

그러니까 $(T=0)$일 때 $\mu$ 이하의 에너지를 가진 양자 상태를 발견할 확률은 1이고 $\mu$보다 큰 에너지를 가진 양자 상태를 발견할 확률은 0이 돼. 이것은 바꿔 말하면 에너지 $\mu$까지의 양자 상태는 모두 전자로 채워진다는 뜻이 돼. 이때 $\mu$를 '페르미에너지'라고 부르고 $E_F$라고 써. 그러니까 식(4-2-1)은 다음과 같이 쓸 수 있지.

$$f(E) = \frac{1}{e^{\frac{1}{k_B T}(E - E_F)} + 1} \tag{4-2-2}$$

**물리양**  온도가 올라가면 페르미 확률밀도함수의 그래프가 달라지겠군요.

**정교수**  물론. 다음 그림과 같이 되지.

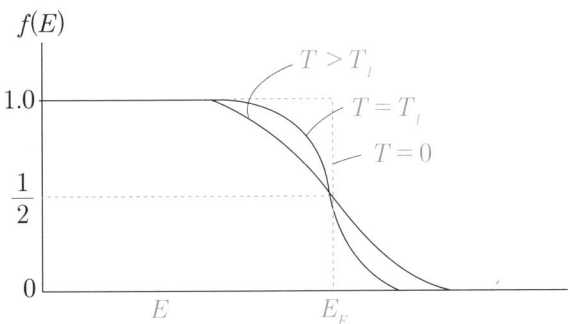

어떤 온도가 되든

$$f(E_F) = \frac{1}{2}$$

이 된다는 것을 명심해. 즉 페르미에너지를 가지는 양자 상태를 발견할 확률은 $\frac{1}{2}$이 돼.

## 반도체의 기본 관계식 _ 유효상태 밀도함수란?

정교수  이제 우리는 열평형 상태의 반도체의 기본 관계식을 찾을 거야.

전도대의 단위 에너지당 단위 부피당 에너지 $E$인 양자 상태의 수 $N(E)$는

$$N(E) = g_c(E)f(E)$$

로 나타낼 수 있어. 여기서 $f(E)$는 에너지 $E$인 전자를 발견할 확률이지.

이때 양자 상태 수만큼 전자가 있으니까 $N(E)$는 단위 부피당 단위 에너지당 에너지 $E$인 전자수가 돼.

가전자대의 경우는 정공이 주인공이니까 단위 부피당 단위에너지당 에너지 $E$인 정공의 수를 $P(E)$라고 하면

$$P(E) = g_v(E)(1 - f(E))$$

가 되지.

물리양    왜 $1 - f(E)$가 되죠?

정교수    정공은 전자가 없음을 나타내는 거야. 여사건의 확률을 이용한 거지. 1에서 전자를 발견할 확률을 빼면 정공을 발견할 확률이 되거든.

먼저 전도대의 전자농도(또는 전자밀도)를 $n_0$이라고 할 때 전자농도는 단위 부피당 전자의 수를 말한다. 그러니까 단위 부피당 단위에너지당 에너지 $E$인 전자 수를 모두 합하면 된다. 전도대의 에너지의 최솟값은 $E_c$이고 전도대의 에너지의 최댓값을 $E'$라고 하면

$$n_0 = \int_{E_c}^{E'} g_c(E)f(E)\,dE$$

세상에서 가장 쉬운 과학 수업 반도체 혁명

로 나타낼 수 있다. 그런데 페르미 확률분포함수는 에너지가 커지면 거의 0에 가까워지니까 $E^c$ 대신 무한대를 사용해도 된다. 그러니까

$$n_0 = \int_{E_c}^{\infty} g_c(E)f(E)\,dE \qquad\qquad (4\text{--}3\text{--}1)$$

가 된다. 그런데

$$f(E) = \frac{1}{e^{\frac{1}{k_B T}(E-E_F)} + 1}$$

에서

$$e^{\frac{1}{k_B T}(E-E_F)}$$

를 보자. 순수한 실리콘 반도체를 생각해보면 $E = E_F$일 때 전자를 발견할 확률이 $\frac{1}{2}$ 이니까 정공을 발견할 확률도 $\frac{1}{2}$ 이 된다. 그러니까 페르미에너지는 전도대의 최소 에너지 $E_c$와 가전자대의 최대 에너지 $E_v$의 중간에 있다. 즉,

$$E_F = \frac{E_c + E_v}{2}$$

이 된다. 우리가 전도대를 생각하면 $E > E_c$가 되어야 하는데,

$$E - E_F > E_c - E_F$$

가 된다. 그런데

$$E_c - E_F = E_c - \frac{E_c + E_v}{2} = \frac{E_c - E_v}{2} = \frac{E_g}{2}$$

가 된다. 실리콘 반도체의 밴드갭은

$$E_g = 1.792 \times 10^{-19} \quad (\text{J})$$

이다. 그러니까

$$E - E_F = 0.896 \times 10^{-19} \quad (\text{J})$$

이 된다. 이 값과 $k_B T$를 비교해보자. 우리가 실험하는 온도는 상온[28]
이니까 $T = 300$을 넣으면

$$k_B T = 4.14 \times 10^{-21} \quad (\text{J})$$

이 된다. 그러니까

$$\frac{E - E_F}{k_B T} > \frac{0.896 \times 10^{-19}}{4.14 \times 10^{-21}}$$

이 된다. 이것을 계산하면

$$\frac{E - E_F}{k_B T} > 21.6$$

---

28) 보통 섭씨 27도를 말한다. 절대온도로는 300K이다.

세상에서 가장 쉬운 과학 수업 반도체 혁명

이 된다. 그러니까

$$e^{\frac{1}{k_B T}(E-E_F)} > e^{21.6} = 2.4 \times 10^9$$

이 된다. 이것은 1보다 엄청나게 큰 값이니까

$$e^{\frac{1}{k_B T}(E-E_F)} + 1 \approx e^{\frac{1}{k_B T}(E-E_F)}$$

가 된다. 이 근사를 식(4-3-1)에 넣으면

$$n = \int_{E_c}^{\infty} \frac{4\pi}{h^3} \cdot (2m_n)^{3/2} \sqrt{E-E_c} \; e^{-\frac{1}{k_B T}(E-E_F)} dE$$

가 된다. 이 적분에서

$$\eta = \frac{E-E_c}{k_B T}$$

로 치환하면

$$n_0 = \frac{4\pi}{h^3} \cdot (2m_n k_B T)^{3/2} e^{-\frac{1}{k_B T}(E-E_F)} \int_0^{\infty} \eta^{1/2} e^{-\eta} d\eta$$

가 된다. 여기서 적분공식

$$\int_0^{\infty} \eta^{1/2} e^{-\eta} d\eta = \frac{1}{2}\sqrt{\pi}$$

를 이용하면,[29]

$$n_0 = N_c e^{-\frac{1}{k_B T}(E-E_F)}$$

가 된다. 여기서

$$N_c = 2\left(\frac{2\pi m_n k_B T}{h^2}\right)^{3/2}$$

이 되는데, 여기서 $N_c$를 '전도대의 유효상태 밀도함수'라고 부른다.

가전자대에서 정공농도(또는 정공밀도)를 $p_0$라고 할 때 정공농도는 단위 부피당 정공의 수를 말한다. 가전자대의 에너지의 최댓값은 $E_v$이고 가전자대의 에너지 최솟값을 $E^v$라고 하면

$$p_0 = \int_{E^v}^{E_v} g_v(E)(1-f(E))\,dE$$

로 나타낼 수 있다. 그런데 페르미 확률분포함수는 에너지가 커지면 거의 0에 가까워지니까 $E^v$ 대신 음의 무한대를 사용해도 된다. 그러니까

$$p_0 = \int_{-\infty}^{E_v} g_v(E)(1-f(E))\,dE$$

가 된다. 전자농도를 구할 때와 같은 근사를 적용하면,

---

29) 정완상, 브라운 운동, 성림원북스, 2024.

세상에서 가장 쉬운 과학 수업 반도체 혁명

$$p_0 = N_v e^{-\frac{E_F - E_C}{k_B T}}$$

가 된다. 여기서

$$N_v = 2\left(\frac{2\pi m_p k_B T}{h^2}\right)^{3/2}$$

이 되는데, 이 값을 '가전자대의 유효상태 밀도함수'라고 부른다.

대표적인 반도체인 Si과 Ge의 $N_c$와 $N_v$은 다음과 같다.

$$Si : N_c = 2.8 \le 10^{19}\,(cm^{-3}) \qquad N_v = 1.04 \le 10^{19}\,(cm^{-3})$$

$$Ge : N_c = 1.04 \le 10^{19}\,(cm^{-3}) \qquad N_v = 6.0 \le 10^{18}\,(cm^{-3})$$

## 진성반도체와 외인성반도체 _ n형 반도체, p형 반도체

정교수 불순물이 없는 순수한 반도체를 '진성반도체'라고 불러. 예를 들어 실리콘 진성반도체(intrinsic semiconductor)는 실리콘 원자들로만 이루어져 있지. 실리콘은 4족 원소이니까 가전자가 4개인데 이웃한 실리콘 원자들과 공유결합을 이루어 마치 가전자가 8개인 것처럼 행동하지. 가전가가 8개가 되면 안정한 원자가 되거든.

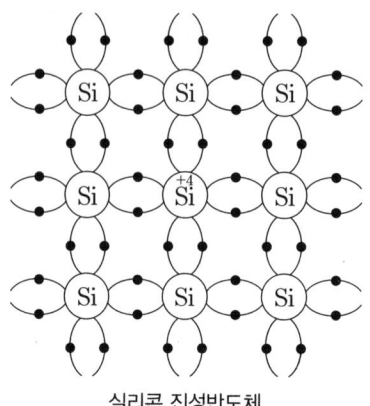

실리콘 진성반도체

　진성반도체는 불순물이 없어 가전자대의 전자가 전도대로 올라가면 가전자대에 정공이 하나 생긴다. 그러니까 전도대의 전자농도와 가전자대의 정공농도는 같다. 진성반도체의 전도대 전자농도를 $n_i$라고 하고 진성반도체의 페르미에너지를 $E_{Fi}$라고 하면

$$n_0 = n_i = N_c e^{-\frac{1}{k_B T}(E_c - E_{Fi})}$$

$$p_0 = n_i = N_v e^{-\frac{1}{k_B T}(E_{Fi} - E_v)}$$

이 두 식을 곱하면

$$n_i^2 = N_c N_v e^{-\frac{1}{k_B T}(E_c - E_{Fi})} e^{-\frac{1}{k_B T}(E_{Fi} - E_v)}$$

$$= N_c N_v e^{-\frac{1}{k_B T}(E_c - E_v)}$$

$$= N_c N_v e^{-\frac{1}{k_B T}E_g}$$

그러니까 특정 온도에서 진성반도체의 전자농도(=정공농도)는 밴드갭 에너지와만 관계있게 된다.

상온($T = 300$ K)에서 $n_i$의 값은 다음과 같다.

Si : $n_i = 1.5 \times 10^{10} (\text{cm}^{-3})$

Ge : $n_i = 2.4 \times 10^{13} (\text{cm}^{-3})$

이제 진성반도체의 페르미에너지를 찾아보자.

물리양  진성반도체의 페르미에너지는 $E_c$와 $E_v$의 중간이라고 했잖아요?

정교수  그건 300K에서 근사를 이용한 거야. 정확한 값은 전자의 유효질량과 정공의 유효질량과 관계있어. 전자농도와 정공농도가 같으니까

$$N_c e^{-\frac{1}{k_B T}(E_c - E_{Fi})} = N_v e^{-\frac{1}{k_B T}(E_{Fi} - E_v)}$$

이 되지. 양변에 로그 ln을 취하면

$$\ln N_c e^{-\frac{1}{k_B T}(E_c - E_{Fi})} = \ln N_v e^{-\frac{1}{k_B T}(E_{Fi} - E_v)}$$

이 돼. 이 식을 정리하면

$$E_{Fi} = \frac{1}{2}(E_c + E_v) + \frac{1}{2}k_B T \ln\left(\frac{N_v}{N_c}\right)$$

이 되지.

물리양   페르미에너지가 $E_c$와 $E_v$의 평균이 아니네요.

정교수   물론이야. $N_c$와 $N_v$를 대입하면,

$$E_{Fi} = \frac{1}{2}(E_c + E_v) + \frac{3}{4}k_B T \ln\left(\frac{m_p}{m_n}\right)$$

가 돼. 그러니까 전자와 정공의 유효질량이 같을 때는 페르미에너지가 $E_c$와 $E_v$의 평균이 돼.

  상온(300K)에서 실리콘에 대해서

$$\frac{3}{4}k_B T \ln\left(\frac{m_p}{m_n}\right) = \frac{3}{4} \times 4.14 \times 10^{-21} \times \ln(0.56/1.08)$$

$$= -2.04 \times 10^{-21}\,(\text{J})$$

가 돼. 이 값의 실리콘의 밴드갭 에너지 $E_g = 1.792 \times 10^{-19}(\text{J})$의 약 $\frac{1}{100}$ 정도야. 그래서 이 작은 값을 무시하면 실리콘 진성반도체에서 페르미에너지가 $E_c$와 $E_v$의 평균 지점이라고 근사할 수 있지.

물리양   그렇군요.

정교수   이번에는 반도체에 불순물을 넣는 경우를 생각해볼게. 이렇

게 불순물을 넣은 반도체를 외인성반도체(extrinsic semiconductor)라고 불러.

**물리양**　어떤 불순물을 넣나요?

**정교수**　실리콘이나 저마늄은 4족 원소야. 즉 가전자가 4개이지. 불순물로 사용되는 원소는 붕소(B)와 같은 3족 원소나 인과 같은 5족 원소를 사용해. 우선 5족 원소인 인(P)을 불순물로 사용하는 경우를 볼게. 인은 5족 원소니까 가전자가 5개야.

**물리양**　실리콘보다 한 개 더 많군요.

**정교수**　맞아. 그러니까 인의 가전자 중 4개는 실리콘과 공유결합을 해서 안정되지만, 인의 가전자 중 하나는 남아서 자유전자가 되지. 이런 외인성반도체를 'n형 반도체'라고 불러. 여기서 불순물인 인은 원래의 실리콘 원자와 치환해 결정되게 만들어야 해. 보통 실리콘 원자 수의 10만 분의 1에서 100만 분의 1 정도에 해당하는 인 원자가 실리콘 원자를 치환하지.

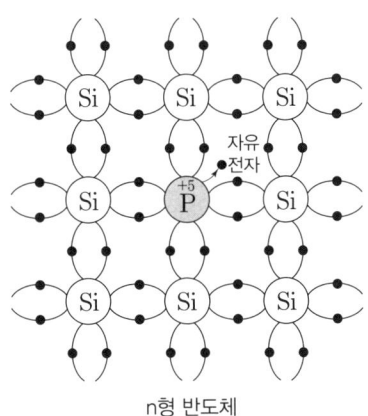

n형 반도체

이때 튀어나온 자유전자를 '도너(doner)'라고 불러. n형 반도체에서는 음의 전기를 띤 자유전자들이 생기기 때문에 진성반도체에 비해 전류가 흐르기 쉬워지지.

　이번에는 'p형 반도체'에 대해 얘기할게. 실리콘 원자를 3족 원소인 붕소로 치환하면 붕소는 가전자가 세 개가 되지? 그러니까 실리콘의 가전자 4개와 합하면 7개의 가전자가 돼. 즉 8개의 안정된 전자를 만드는 데는 전자가 하나 부족한 상태가 되지. 이 전자가 부족한 상태를 한 개의 정공이 만들어졌다고 생각하면 돼. p형 반도체에서는 양의 전기를 띤 정공들이 생기기 때문에 진성반도체에 비해 전류가 흐르기 쉬워지지.

**물리양**　그렇군요.

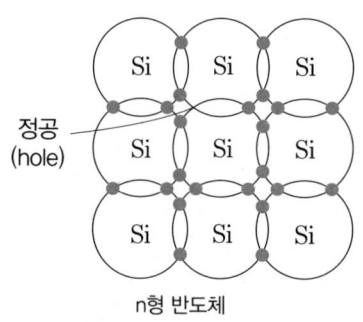

정공
(hole)

n형 반도체

　　　　　세상에서 가장 쉬운 과학 수업 반도체 혁명

다섯 번째 만남

●

# 진공관의 시대

# 진공관 다이오드의 발명 _ 교류를 직류로 변환하다

정교수 반도체이론은 1920년대 말에 등장해. 하지만 반도체의 역사는 이론이 등장하기 훨씬 전인 19세기로 거슬러 올라가. 이제 그 역사를 살펴볼게.

1838년 어느 날, 영국의 물리학자 패러데이(Michael Faraday, 1791~1867)는 다음과 같은 의문을 품었다.

"유리관을 만들어 대기압에서부터 점차 압력을 낮추어가며 전기를 방전시키면 어떤 현상을 보일까?"

패러데이는 실험을 위해 한 개의 고정된 전극이 들어 있는 유리관을 만들었다. 그는 병 입구를 코르크로 밀폐시키고 여기에 또 다른 전극인 금속 핀을 꽂아 넣었다. 이 핀은 병 안으로 들어갔다, 나왔다 하며 그 위치를 바꿀 수 있었다. 그는 이 전극에 전지를 연결하고 유리관에 다양한 기체를 넣어가며 방전실험을 했다.

패러데이는 먼저 유리관 속 기체 압력을 점점 낮춰보았다. 그랬더니 음극에서 양극까지 지속성 있는 발광 현상이 나타났다. 기압을 더 낮추자 두 전극의 중간 지점에서 어두운 지역이 나타나면서 발광이 중단됐다. 이 지역은 훗날 '패러데이 암부(Faraday dark space)'로 불렸다.

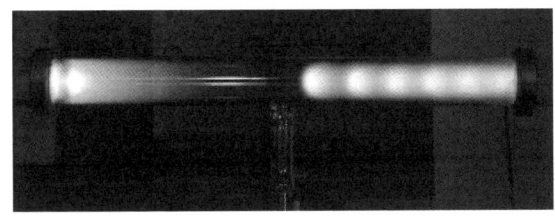
패러데이 암부

하지만 패러데이의 시대에는 유리관 안을 진공상태로 만드는 기술이 없었다. 1858년 독일 본 대학에서 실험기구 개발자로 일하던 가이슬러(Heinrich Geißler, 1814~1879)는 물리학과 플뤼커(Julius Plücker, 1801~1868) 교수로부터 유리관 안을 진공으로 만들어달라는 부탁을 받았다. 가이슬러는 유리관 안의 공기를 수은 펌프로 빼내, 유리관 안 공기의 압력을 대기압의 1,000분의 1까지 낮췄다. 이 정도면 거의 진공상태로 볼 수 있는데, 이러한 진공상태의 유리관을 '진공관'이라고 부른다. 가이슬러가 만든 진공관은 만들 때부터 유리병 양쪽에 양극과 음극 두 개의 전극을 넣고 공기를 빼내 밀봉한 유리관이었다.

물리양　진공 기술은 점점 발전했겠네요.

정교수　물론이야. 완벽한 진공을 만드는 건 불가능하지만 거의 공기가 없는 진공관을 만들 수 있게 발전되었지.

정교수　이제 최초의 다이오드인 열전자 다이오드의 이야기를 할 거야. 열전자 다이오드는 진공관 다이오드라고도 불러.

물리양　다이오드가 뭐죠?

정교수　다이오드는 영어로 'diode'라고 쓰는데, 두 개의 단자를 가진 전자 부품이야. 두 개의 단자 중에서 한쪽은 낮은 저항을, 다른 한쪽은 높은 저항을 둬서 전류가 한쪽으로만 흐르게 하는 역할을 하지.

물리양   열전자[30]는 뭐죠?

정교수   열에 의해 전극에서 전자가 방출되는 현상을 '열전자 방출'이라고 부르고 이때 튀어나온 전자를 '열전자'라고 불러. 이 현상은 1853년 프랑스의 물리학자 알렉상드르 에드몽 베크렐(Alexandre-Edmond Becquerel)에 의해 발견되었지.[31] 하지만 이 일은 사람들에게 잘 알려지지 않았어. 열전자 방출이 사람들에게 알려지게 된 건 영국의 거스리에 의해서야.

프레더릭 거스리
(Frederick Guthrie, 1833~1886, 영국)

---

30) 당시에는 전자가 발견되기 전이었으므로 '열이온'이라는 이름으로 불렸다. 톰슨이 전자를 발견한 후 열이온은 '열전자'라는 이름으로 바뀌게 되었다.

31) Becquerel, Edmond(1853), "Reserches sur la conductibilité électrique des gaz à des températures élevées", Researches on the electrical conductivity of gases at high temperatures, Comptes Rendus(in French), 37: pp. 20-24.

거스리는 런던에서 태어났다. 그는 런던의 유니버시티 칼리지에서 3년 동안 공부했다. 그는 토머스 그레이엄(Thomas Graham)과 윌리엄슨(Alexander William Williamson)에게 화학을 배웠고 드 모르간의 정리로 유명한 수학자 드 모르간(Augustus De Morgan)에게 수학을 배웠다. 1854년 거스리는 분젠(Robert Bunsen) 밑에서 공부하기 위해 하이델베르크 대학으로 갔고 1855년 마르부르크 대학에서 박사학위를 받았다.

1856년에 그는 맨체스터 오웬스 칼리지의 화학 교수인 에드워드 프랭클랜드(Edward Frankland)와 함께 공동 연구를 시작했다. 1860년 거스리는 니만(Albert Niemann)과 동시에 에틸렌과 이염화황으로부터 겨자 가스(mustard gas)를 합성했다. 그는 이 가스가 독성이 있다는 것을 알아냈다. 이 공로로 거스리는 에든버러 왕립학회 회원으로 선출되었고, 1861년부터 1867년까지 모리셔스 왕립대학에서 화학 및 물리학 교수로 재직했다.

1873년 거스리는 대전된 물체에 대한 연구를 하던 중 음의 전기를 띤 쇠로 만든 공을 뜨겁게 달구면 공의 전하량이 감소한다는 것을 알아냈다.[32] 전자가 발견된 후 거스리의 발견은 열에 의해 전자가 공기 중으로 방출되는 현상이라는 것이 알려졌다. 이렇게 열에 의해 방출된 전자는 톰슨이 전자를 발견한 후에는 열전자로 불리게 되었다.

---

32) Guthrie, Frederick(October 1873), "On a relation between heat and static electricity", The London, Edinburgh, and Dublin Philosophical Magazine and Journal of Science, 4th. 46 (306): pp. 257~266.

물리양    열전자 다이오드는 누가 발명했죠?

정교수    열전자 방출은 1883년 발명왕 에디슨에 의해 좀 더 연구되었
어. 전구를 연구하던 에디슨은 필라멘트의 양극 근처가 어두워지는
것을 발견했어. 이 사실로부터 에디슨은 금속 필라멘트에서 열전자
가 방출되는 현상을 알 수 있었지. 에디슨은 전선을 이용해 열전자들
이 흐르는 전류를 발견했어.

　에디슨은 뜨거운 필라멘트에서 방출되는 전류가 전압이 증가함에
따라 급격히 증가한다는 것을 발견하고 1883년 11월 15일에 전압 조
절 장치에 대한 특허를 냈다. 이것은 1884년 9월 필라델피아에서 열
린 국제 전기 박람회에서 전시되었다. 1885년 영국 과학자인 윌리엄
프리스(William Preece)는 필라멘트에서 열전자가 방출되는 효과를
'에디슨 효과'라고 불렀다.

에디슨이 열전자 방출을 발견한 전구

정교수　이제 열전자 방출이 왜 전류를 한 방향으로만 흐르게 하는 다이오드를 만들 수 있는지 알아볼게. 다음 그림을 봐.

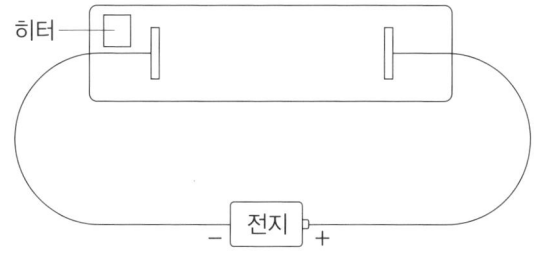

정교수　진공관에 두 개의 극을 설치하고 도선을 통해 전지와 연결했어. 이때 왼쪽 극은 히터에 의해 가열되고 오른쪽 극에는 히터가 없어. 지금은 왼쪽 극이 전지의 음극과 연결되어 있고 오른쪽 극이 전지의 양극과 연결되어 있어. 이때 히터에 의해서 가열된 왼쪽 극에서는 열전자가 방출될 거야. 방출된 열전자는 오른쪽에 있는 양극으로 이동하게 돼. 그러니까 진공관 안에는 전류가 흐르게 되지. 그런데 전지의 방향을 바꿔봐.

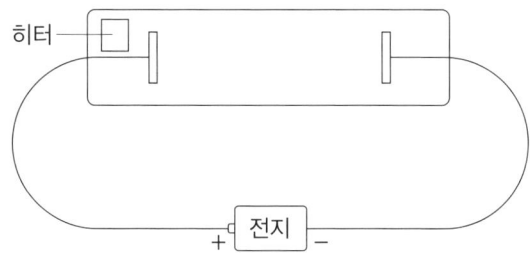

**정교수**　이때 오른쪽 극은 히터에 의해 가열되지 않기 때문에 열전자가 방출되지 않아. 그러니까 위 그림처럼 전지가 연결되어 있을 때는 진공관에 전기가 흐르지 않지.

**물리양**　전지를 어떻게 연결하든 전류가 흐르는 방향은 한 방향이 되는군요.

**정교수**　맞아. 이렇게 전류가 한 방향으로 흐르게 하는 작용을 '정류 작용'이라고 불러. 그래서 이 장치를 '열전자 다이오드'라고 하고 진공관 속에 들어 있어 '진공관 다이오드'라고도 부르지. 전류에는 두 종류가 있어. 직류와 교류. 직류는 한 방향으로 흐르는 전류를 말하고 교류는 전류의 방향이 주기적으로 바뀌는 전류야. 그러니까 열전자 다이오드는 교류를 직류로 변환시킬 수 있지. 에디슨은 열전자 다이오드를 발명해 직류 전압계에 적용할 수 있다는 내용의 특허를 가지게 되었지.

**물리양**　에디슨은 이 연구로 노벨상을 받았나요?

**정교수**　에디슨은 노벨상은 받지 못했어. 열전자에 관한 연구로 노벨상을 받은 사람은 리처드슨이야.

　리처드슨은 영국 요크셔주 듀스베리(Dewsbury)에서 태어났다. 그는 배틀리 중등학교(Batley Grammar

오언 윌런스 리처드슨(Owen Willans Richardson, 1879~1959, 영국, 1928년 노벨 물리학상 수상)

School)와 케임브리지 트리니티 칼리지(Trinity College)에서 수학
했으며, 그곳에서 자연과학 분야 최고 우등상을 받았다. 그 후 그는
1904년에 유니버시티 칼리지 런던(University College London)에서
박사 학위를 받았다.

1900년에 트리니티 칼리지를 졸업한 후 그는 케임브리지의 캐번
디시 연구소에서 뜨거운 물체로부터의 전기 방출을 연구하기 시작했
고, 1902년 10월 트리니티 대학의 연구원이 되었다. 1901년에 리처
드슨은 가열된 전선의 전류가 전선의 온도에 기하급수적으로 의존하
는 것을 알아냈다.[33] 발생하는 전류를 $I$ 라고 하고 온도를 $T$ 라고 하면

$$I = a\sqrt{T}e^{-bT} \quad (\text{여기서 } a, b\text{는 상수})$$

가 되는데, 이것을 '리처드슨 법칙'이라고 부른다. 그는 이 업적으로
1928년 노벨 물리학상을 받았다.

리처드슨은 1906년부터 1913년까지 프린스턴 대학의 교수였으며,
1914년 영국으로 돌아와 킹스 칼리지 런던(King's College London)
의 휘트스톤 물리학 교수가 되었고, 1924년에 연구 책임자가 되었다.
그는 1944년 킹스 칼리지 런던에서 은퇴하고 1959년에 사망했다.

---

33] O. W. Richardson(1901), "On the negative radiation from hot platinum", Philosophical of the Cambridge Philosophical Society, 11 : 286–295.

## 플레밍 밸브와 마르코니의 무선전신 _ 대서양을 횡단하라

**정교수**　이제 에디슨의 열전자 다이오드를 실생활에 처음 적용한 물리학자 플레밍의 이야기를 해볼게.

존 플레밍
(John Ambrose Fleming, 1849~1945, 영국)

　플레밍은 영국 랭커스터(Lancaster)에서 태어났다. 플레밍은 열살쯤에 학교를 다니기 시작했고, 특히 기하학을 좋아했다. 그 전에는 그의 어머니가 그를 가르쳤고 당시 인기 있는 책인 『어린이를 위한 지식 안내서』라는 책을 사실상 암기했으며, 어른이 된 후에도 그 책을 인용하곤 했다. 그의 학교 교육은 유니버시티 칼리지 스쿨(University College School)에서 계속되었으며 수학에서는 우등생이었던 반면 라틴어는 늘 최하위였다. 플레밍은 어렸을 때부터 엔지니어가 되고 싶어 했다. 11세 때 그는 모형 보트와 엔진, 카메라를 만들었다.

플레밍은 유니버시티 칼리지 런던(University College London)에서 이학사 학위를 취득했고, 수학자 드 모르간(Augustus De Morgan)과 물리학자 포스터(George Carey Foster) 밑에서 공부했다. 그는 런던의 사우스 켄싱턴에 있는 왕립과학대학(현재 임페리얼 칼리지)에서 화학을 전공했다. 그곳에서 처음으로 그의 첫 번째 과학 논문 주제가 된 볼타전지를 연구했다.

재정적 문제로 인해 플레밍은 다시 생계를 유지해야 했고 1874년 여름에 공립학교인 챌트넘 칼리지(Cheltenham College)의 과학 선생이 되었다. 그는 틈틈이 전자기에 관해 연구했고 케임브리지 대학의 맥스웰 교수와 서신을 교환했다. 1877년 10월, 27세의 나이에 그는 다시 케임브리지 대학에 입학했다.

플레밍은 맥스웰의 전자기학 강의를 들었는데, 후에 맥스웰의 강의를 따라가기가 어려웠다고 고백했다. 그는 맥스웰이 종종 모호해 보였고 "역설적이고 암시적인 말투"를 가졌다고 말했다. 하지만 플레밍은 화학 및 물리학 분야에서 우수한 점수로 학위를 취득했다.

플레밍은 케임브리지 대학, 노팅엄 대학, 런던 대학 등 여러 대학에서 강의하다가 런던 대학 전기공학과의 첫 번째 교수가 되었다. 그는 또한 마르코니가 세운 마르코니 무선전신 회사(Marconi Wireless Telegraph Company)와 전구의 발명자인 스완이 세운 스완 컴퍼니(Swan Company), 에디슨이 세운 에디슨 전화(Edison Telephone)와 에디슨 전기 조명 회사(Edison Electric Light Company)의 과학 고문이 되었다.

물리양  플레밍은 여러 회사의 과학 고문을 맡았군요.

정교수  여기저기서 그를 원할 정도로 플레밍은 전기공학에 박식했어. 이제 플레밍이 마르코니 회사에서 한 일을 알아볼게. 마르코니 회사는 과학자 마르코니가 세운 무선전신 회사야.

굴리엘모 마르코니(Guglielmo Giovanni Maria Marconi, 1874~1937, 이탈리아, 1909년 노벨 물리학상 수상)

마르코니는 1874년 이탈리아 볼로냐의 귀족 가문에서 태어났다. 그는 어렸을 때 학교에 다니지 않았고 정식 고등교육을 받지도 않았다. 대신 집에서 부모님이 고용한 개인 교사에게 화학, 수학, 물리학을 배웠다. 마르코니는 자신의 스승 중에서 리보르노의 고등학교 물리학 교사인 빈첸초 로사(Vincenzo Rosa)를 존경했다. 로사는 17세의 마르코니에게 물리적 현상의 기초와 전기에 관한 새로운 이론을 가르쳤다. 18세에 마르코니는 하인리히 헤르츠의 연구를 도왔던 볼로냐 대학의 물리학자 아우구스토 리기(Augusto Righi)를 알게 되었다. 하인리히 헤르츠(Heinrich Hertz)는 1888년 제임스 클러크 맥스

웰(James Clerk Maxwell)의 연구를 바탕으로 전파가 전선 없이 이동할 수 있다는 것을 확인했다.

헤르츠가 한 일을 알게 된 마르코니는 무선으로 전파를 보내고 받는 것에 관심을 두기 시작했다. 1894년 마르코니는 자신의 집 다락방에서 전파 실험을 시작했다. 마르코니는 전파를 보내는 장치인 송신기를 만들었다.

마르코니의 초기 송신기

물리양  전파를 보내는 장치가 있으면 무선으로 전파를 수신하는 장치도 있어야겠네요.

정교수  그 장치를 수신기라고 불러.

물리양  수신기는 진공관으로 만들었나요?

정교수  당시에는 진공관을 이용한 수신기가 없어서 '코히러(coherer)'

라는 수신기를 사용했어. 코히러는 프랑스 물리학자 브란리가 1890
년에 발명했어.

에두아르 브란리
(Édouard Eugène Désiré Branly, 1844~1940, 프랑스)

코히러는 니켈 가루를 전극 사이에 넣은 소자인데, 전류가 거의 흐
르지 않는 한계의 직류전압을 전극 사이에 가한 후 외부에서 온 전파
가 코히러에 가해지면 급격히 전류가 증가하는 성질을 이용하여 전
파를 수신하는 장치야. 이러한 장치를 전파 검출기 또는 전파 수신기
라고 불러.

1894년 여름, 마르코니는 번개로 생성된 전파를 코히러로 수신해
전파가 오면 벨이 울리는 장치인 폭풍우 경보기를 만들었다. 1894년
12월 어느 늦은 밤, 마르코니는 어머니가 방에서 송신 버튼을 부르면
방 밖에서 벨이 울리는 장치인 무선 송신기와 수신기를 시연했다.

세상에서 가장 쉬운 과학 수업 반도체 혁명

마르코니가 1896년에 사용한 코히러

　1895년 여름, 마르코니는 볼로냐에 있는 아버지의 사유지에서 전파의 수신 거리를 3.2km까지 늘렸다. 이탈리아에서는 자신의 작업에 대해 사람들이 관심을 두지 않는 것을 안 마르코니는 1896년 초, 21세의 나이에 그의 작업에 대한 지원을 받기 위해 어머니와 함께 런던으로 갔다. 1896년 6월 2일에 마르코니는 '전기 충격과 신호 전송 및 그에 대한 장치의 개선'이라는 제목으로 영국에서 특허를 냈다. 그는 1896년 7월, 영국 정부를 위해 자신의 시스템을 시연했다. 1897년 3월까지 마르코니는 솔즈베리 평원을 가로질러 약 6km 거리까지 모스 부호 신호를 전송했으며, 1897년 5월 13일, 최초로 바다를 통해 무선통신을 보냈다. 메시지는 브리스틀 해협(Bristol Channel)을 통해 플랫 홀름섬에서 카디프 근처의 래버녹 포인트까지 6km 거리에 전송되었다.

1897년 5월 13일 영국에서 시행한 마르코니의 시연

이러한 시연을 통해 마르코니는 국제적인 주목을 받기 시작했다. 1897년 7월, 그는 이탈리아 정부를 위해 고국의 라스페치아(La Spezia)에서 일련의 테스트를 수행했다. 밸리캐슬(Ballycastle)의 마린 호텔과 북아일랜드 해안의 레슬린섬 사이의 무선 통신 테스트는 1898년 7월 6일 조지 켐프(George Kemp)와 에드워드 에드윈 글랜빌(Edward Edwin Glanville)에 의해 수행되었다.

영국 해협을 통한 전송은 1899년 3월 27일 프랑스 위메뢰에서 영국 사우스 포랜드 등대까지 이루어졌다. 마르코니는 도싯(Dorset)의 풀 하버에 있는 샌드뱅크스에 있는 헤이븐 호텔(Haven Hotel)에 실험 기지를 세웠고, 그곳에 100피트 높이의 돛대를 세웠다. 그는 증기선 엘레트라(Elettra)를 구입하여 해상 실험실로 전환하여 많은 실험을 수행했다.

1899년 가을, 미국에서 첫 시연이 열렸다. 마르코니는 뉴저지주 샌디훅에서 열리는 아메리카 컵 국제 요트 경주를 취재하기 위해 뉴욕

헤럴드 신문의 초청으로 미국으로 항해했다. 무선 전송은 푸에리토 리코항로의 여객선인 SS 폰스(SS Ponce)에서 이루어졌다.

미국에서 마르코니의 무선 전송이 처음 시연된 여객선 SS 폰스

20세기 초 마르코니는 대서양 횡단 전신 케이블과 경쟁하기 위해 대서양을 횡단하는 무선전신에 도전했다. 1901년 12월 12일, 마르코니는 영국에서 캐나다의 시그널 힐까지 무선전신을 보냈다. 이때 보낸 메시지는 SSS를 모스 부호로 변환한 신호였다. 하지만 모스 부호의 클릭 소리는 희미했고 산발적으로 들렸다. 마르코니는 이미 SSS를 보낸다는 것을 알고 있었기 때문에 희미한 소리를 SSS로 여겼다. 하지만 일부 사람들은 과연 영국에서 온 전신이 캐나다에서 제대로 수신된 건지 의문을 품었다.

1902년 12월 17일, 캐나다 노바스코샤주 글레이스 베이에 있는 마르코니 방송국에서 전송된 송신은 북미에서 대서양을 건너는 세계 최초의 무선 메시지가 되었다. 1901년에 마르코니는 미국 매사추세츠주 사우스 웰플릿 근처에 기지국을 건설했고, 1903년 1월 18일 미국 대통령 시어도어 루스벨트는 영국의 에드워드 7세에게 무선으로 인사 메시지를 보냈다.

이런 일련의 성공에도 불구하고 대서양 횡단 무선전신을 상용화하는 데는 문제가 있었다. 그것은 수신기 코히러가 먼 거리에서 오는 전파를 제대로 잡지 못하는 데 있었다. 마르코니는 이 문제를 해결하기 위해 플레밍을 과학 고문으로 임명했다.

플레밍은 더 민감하고 신뢰할 수 있는 동시에 동조(tuning) 회로와 함께 사용하기에 더 적합한 수신기를 찾았다. 1904년 11월 16일에 플레밍은 이 목적을 위해 에디슨의 열이온 다이오드를 개량한 진동 밸브를 만들었다. 이 밸브는 훗날 '플레밍 밸브'라고 불리게 되는데, 이것은 고주파 전파를 정류하는 데 잘 작동하여 검류계로 정류된 신호를 감지할 수 있게 해주었다.

플레밍 밸브

플레밍의 아이디어를 이용해 마르코니 회사는 플레밍 밸브를 이용한 고감도 수신기를 만들었다.

세상에서 가장 쉬운 과학 수업 반도체 혁명

플레밍 밸브 두 개가 설치된 마르코니
회사의 수신기

이후 마르코니는 다른 발명가들과 경쟁하면서 바다에 있는 선박과
통신하기 위해 대서양 양쪽에 고출력 기지국을 건설하기 시작했다.
1904년에 그는 야간 뉴스 요약본을 구독 선박에 전송하여 선상 신문
에 통합할 수 있는 상업 서비스를 구축했다. 마침내 1907년 10월 17
일에 아일랜드의 클리프덴과 글레이스 베이 사이에 정규 대서양 횡
단 무선전신 서비스가 시작되었다.

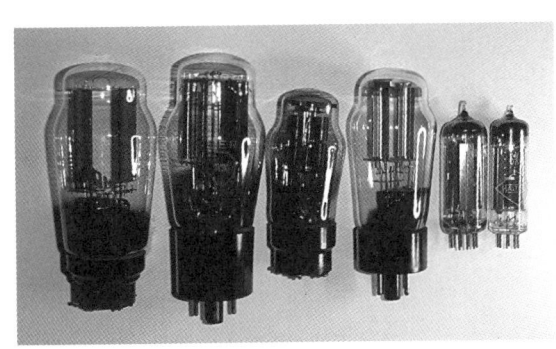

1930년대(왼쪽)부터 1970
년대(오른쪽)까지의 진공관
다이오드

# 반도체 다이오드 _ p-n 접합을 발명한 러셀 올

**물리양**  진공관 다이오드 다음으로 등장하는 것이 반도체 다이오드군요.

**정교수**  반도체를 이용한 다이오드는 1874년에 발명되었어.

**물리양**  엄청나게 오래전에 발명되었네요.

**정교수**  맞아. 이 일은 브라운관으로 유명한 독일의 브라운에 의해 이루어졌어.

카를 페르디난트 브라운(Karl Ferdinand Braun, 1850~1918, 독일, 1909년 노벨 물리학상 수상)

브라운은 독일 풀다에서 태어나 마르부르크 대학에서 교육을 받았고 1872년 베를린 대학에서 박사 학위를 받았다. 1874년에 그는 점접촉 금속–반도체 접합이 교류를 정류한다는 것을 발견했는데, 이것이 반도체를 이용한 최초의 다이오드이다.

세상에서 가장 쉬운 과학 수업 반도체 혁명

브라운의 실험실

1897년에 브라운은 전파를 받아 영상으로 바꾸는 '브라운관'을 발명했다. 브라운관은 20세기 말 LCD 화면이 도입될 때까지 모든 TV, 컴퓨터 모니터로 사용되었다.

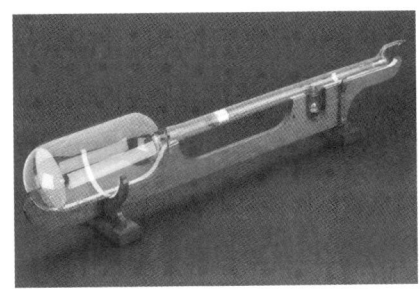
최초의 브라운관

TV용 브라운관

브라운은 스트라스부르그 대학과 카를스루에 대학, 튀빙겐 대학의 교수를 지냈다. 그의 브라운관 발명은 무선통신에 크게 도움이 되었고, 이 업적으로 1909년 마르코니와 함께 노벨 물리학상을 받았다.

브라운이 최초로 한 연구는 현의 진동에 관한 것이었으며, 열역학에 관한 연구도 활발히 했다. 그는 유명한 '르샤틀리에-브라운의 법칙'을 발견했다.

브라운의 최대 업적은 전기공학에 관련된 것이다. 옴의 법칙이 성립되지 않는 경우에 대한 논문을 시작으로, 전위계나 음극선, 오실로그래프를 발명했다. 그 후 1898년 무렵부터 무선통신 연구에 전념해 고주파 전류를 이용하여 수중에서 모스 부호를 보내는 실험을 했고 전파에 지향성을 갖게 하여 발신과 수신 실험을 했다.

**물리양**  브라운의 반도체 다이오드에는 실리콘이나 저마늄이 사용되었나요?

**정교수**  아니, 브라운이 사용한 반도체는 황화납, 안티몬화아연, 황화은과 같은 화합물 반도체였어.

**물리양**  실리콘 반도체보다 화합물 반도체가 먼저 등장했군요.

**정교수**  맞아. 그 후 보스(J. C. Bose)는 1894년에 최초로 결정을 이용하여 라디오 전파를 감지했고, 피카드(G. W. Pickard)는 1903년 실리콘 결정 감지기를 발명하여 이를 실용적인 무선통신 기기로 발전시켰어. 이외에도 많은 과학자가 여러 다른 광물을 감지기로 사용하기 위해 노력했지. 하지만 당시 사람들은 반도체의 원리를 모르고 있었고, 1930년대 물리학의 발전과 함께 점차 그 원리가 밝혀지기 시작해.

세상에서 가장 쉬운 과학 수업 반도체 혁명

야가디시 찬드라 보스
(Jagadish Chandra Bose, 1858~1937, 인도)

정교수　제대로 된 반도체 다이오드의 발명은 1939년 벨 연구소에서 이루어져. 1880년 프랑스 정부는 알렉산더 그레이엄 벨(Alexander Graham Bell)에게 전화기 발명에 대한 공로로 50,000프랑(당시 약 10,000달러, 현재 약 310,000달러에 해당)의 볼타상을 주었어.

알렉산더 그레이엄 벨
(Alexander Graham Bell, 1847~1922, 영국)

벨은 이 상금을 이용해 미국 워싱턴에 벨 연구소를 세웠지. 벨은 연구소와 더불어 미국 전화·전신회사(AT&T)를 설립했어. 초기의 벨 연구소는 전화와 전신에 관한 연구를 도맡았어. 그 후 벨 연구소는 미국의 유명한 연구소가 되어 놀라운 성과를 냈지.

벨 연구소

p-n 접합의 발명은 1939년 벨 연구소의 미국 물리학자 러셀 올(Russell Ohl)에 의해 이루어졌다.

러셀 올(Russell Shoemaker Ohl, 1898~1987, 미국)

러셀 올은 미국 펜실베이니아주 앨런타운(Allentown)에서 태어났다. 그의 전문 연구 분야는 특정 유형 결정의 거동에 관한 것이었다. 그는 1930년대 벨 연구소에서 재료 연구에 참여하여 고주파 무선, 방송 및 군용 레이더에 적합한 다이오드 탐지기를 조사했다. 그의 연구는 벨 연구소 안에서 소수의 과학자만이 이해했으며, 그의 연구를 이해한 유명한 과학자는 훗날 트랜지스터 발명으로 노벨상을 받은 브래튼이었다.

러셀 올은 p-n 접합의 정류 현상을 발견했다. 당시에는 결정 내의 불순물에 대해 아는 사람이 거의 없었지만 러셀 올이 불순물을 이용하는 방법을 알아냈다. 그는 p형 반도체와 n형 반도체를 접합한 p-n 접합에서 불순물이 중요한 역할을 한다는 것을 알아냈다. 1941년 바딤 라쉬카료프(Vadim Lashkaryov)는 산화구리, 황화은 광전지 및 셀레늄 정류기에서 p-n 접합을 발견했고, p-n 접합에 대한 완벽한 이론은 훗날 쇼클리의 유명한 책 『Electrons and Holes in Semiconductors (1950)』에 등장한다. 러셀 올의 p-n 접합의 정류 현상을 통해 드디어 최초의 반도체 다이오드가 만들어졌다.

p-n 접합 다이오드

물리양  p—n 접합에서는 왜 정류 현상이 나타나죠?

정교수  이제 p—n 접합 다이오드가 왜 정류작용을 하는지 간단하게 알아볼게. p—n 접합 다이오드는 p형 반도체와 n형 반도체를 붙인 구조야. 이때 두 반도체가 붙은 면을 접합 면이라고 하지.

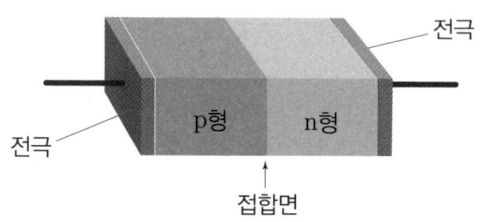

정교수  다음 그림과 같이 p형 반도체를 전지의 양극에 연결하고 n형 반도체를 전지의 음극에 연결한 경우를 봐. p형 반도체 속의 정공은 전류가 흐르는 방향으로 움직이게 되고 n형 반도체 속의 자유전자는

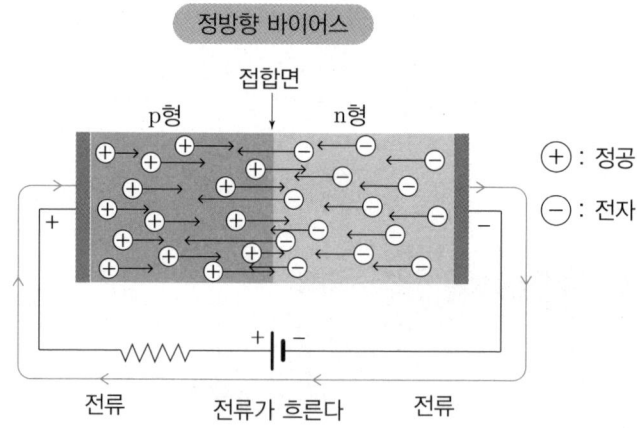

전류와 반대 방향으로 흐르게 돼. 그러니까 이러한 p-n 접합 다이오드 안에서 전류가 오른쪽으로 흐르게 돼. 이것을 '정방향 바이어스'라고 불러.

정교수   이번에는 p형 반도체를 전지의 음극에 연결하고 n형 반도체를 전지의 양극에 연결한 경우를 봐.

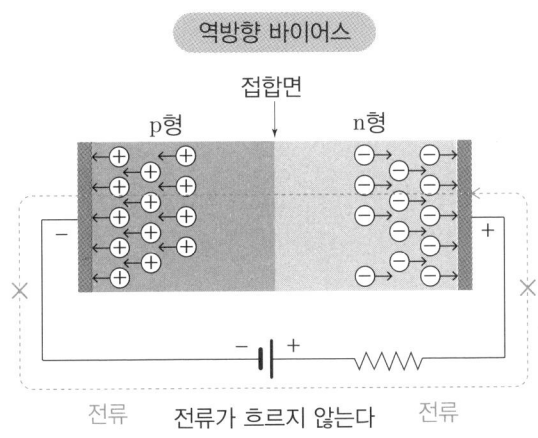

이 경우에 p형 반도체 속의 정공은 전류가 흐르는 방향으로 움직이니까 왼쪽으로 이동하고 n형 반도체 속의 자유전자는 전류가 흐르는 방향과 반대 방향으로 움직이니까 오른쪽으로 이동하게 돼. 이렇게 되면 접합 면 부근에 자유전자도, 정공도 없는 지역이 생기게 되는데, 이곳을 '절연영역'이라고 불러. 이렇게 절연영역이 생기니까 다이오드 안에서는 전류가 흐르지 않지. 이것을 '역방향 바이어스'라고 불러.

**물리양**　아하, 그래서 전류가 한 방향으로만 흐르게 되는군요. 그럼 p-n 접합 다이오드가 진공관 다이오드를 대체했겠네요.

**정교수**　당시는 진공관을 이용한 가전제품들이 유행이었기 때문에 반도체 다이오드가 본격적으로 사용되는 것은 트랜지스터의 발명 이후가 돼.

여섯 번째 만남

•

# 트랜지스터의 발명

# 트랜지스터 시대를 연 사람들 _ 켈리, 바딘, 쇼클리, 브래튼

**정교수** 이제 진공관 시대의 막을 내리고 트랜지스터(tansistor) 시대를 열게 한 네 과학자의 이야기를 해볼게.

**물리양** 트랜지스터가 뭐죠?

**정교수** 트랜지스터는 바뀜을 뜻하는 'trnas'와 저항을 뜻하는 'resistor'를 합쳐서 만든 단어야. 트랜지스터는 전자회로에서 전류의 증폭이나 스위칭을 담당하는 소자야. 자세한 내용은 나중에 트랜지스터의 원리에서 이야기할게.

**정교수** 첫 번째로 과학자 켈리에 대해 알아보자.

머빈 조지프 켈리
(Mervin Joseph Kelly, 1894~1971, 미국)

켈리는 1894년 2월 14일 미주리주 프린스턴에서 태어났다. 켈리가 태어났을 당시 그의 아버지는 고등학교 교장이었다. 가족은 곧 미주

세상에서 가장 쉬운 과학 수업 반도체 혁명

리주 갤러틴(Gallatin)으로 이사했고, 그곳에서 켈리의 아버지는 철물점과 농기구 사업을 시작했다. 교장으로서 받는 그의 급여는 자녀를 양육하기에는 충분하지 않았기 때문이다. 켈리는 갤러틴에서 초등학교와 고등학교를 다녔고 16세에 학급 회장을 맡았으며, 졸업생 대표로 졸업했다. 갤러틴 고등학교의 동급생들은 그를 "우리의 아일랜드 왕"이라고 불렀다.

학창 시절에 켈리는 신문을 배달하고, 지역 농부들을 위해 소를 방목지로 몰고 가거나 아버지 가게의 장부 담당자로 일하는 등 다양한 일을 했다. 고등학교를 졸업할 때까지 그는 미주리주 롤라에 있는 미주리 광산과 금속공학 학교(현 미주리 과학기술대학)에 등록금을 낼 만큼 충분한 돈을 모았다. 당시 켈리의 가족은 그를 대학에 보낼 형편이 되지 않았는데, 켈리는 스스로 번 돈으로 대학에 입학할 수 있었다.

켈리는 학생 시절 화학과 물리학 분야에서 두각을 나타냈다. 그는 광산 엔지니어가 될 계획을 세웠고 유타 구리 광산에서 일하면서 여름을 보냈다. 이 경험은 그가 원하는 진로를 바꾸었고, 그는 미주리 광산 및 금속공학 학교로 돌아오자마자 일반 과학 과정으로 전환했다. 화학과 수학과의 학과장은 그에게 특별 교육을 제공하기 위해 지원했고 그는 화학 조교로 임명되어 수업료 면제와 연간 300달러(2022년 9,097달러에 해당)의 보조금을 받았다. 그는 1914년에 학사 학위를 받고 졸업했다. 학위를 취득한 후 켈리는 켄터키 대학에서 수학을 전공하고 1915년에 석사 학위를 받았다. 1918년에는 시카고 대학에 진학해 물리학 박사 학위를 받았다. 시카고 대학에 있는 동안 켈리는 전자의 전하량 측정으로 노벨 물리학상을 받은 밀리컨 교수의 조교로 일했다.

박사 학위를 취득한 후 켈리는 벨 연구소에 연구 물리학자로 근무했다. 켈리의 임무는 실용적인 진공관을 개발하는 것이었다. 한편으로 그는 전화 통신, 열전대, 전기 안정기 및 기타 통신 장치에 음향학을 적용하는 방법을 연구했다. 1936년에 그는 벨 연구소의 연구 책임자가 되었다.

1938년부터 켈리는 미군을 위한 연구 개발에 점점 더 적극적으로 참여했다. 제2차 세계 대전 중에 벨 연구소는 전적으로 군사 연구 및 개발에 전념했다. 켈리는 실험실의 모든 군사 업무를 담당했으며, 레이더, 총격 통제 시스템 및 폭탄 조준경에 관해 연구했다.

제2차 세계대전 중 켈리는 벨 연구소에 고체물리학자를 모집하기 시작했다. 그는 진공관 개선에 큰 노력을 기울였음에도 불구하고 진공관을 생산 비용이 많이 들고 신뢰할 수 없는 것으로 간주하여 진공관의 대안을 모색하고 있었다. 그가 영입한 최초의 고체물리학자는 쇼클리였다. 그는 새로운 고체 연구 그룹을 결성했는데, 이 그룹에는 화학자, 전기 엔지니어, 야금학자 및 고체물리학자가 포함되었다.

켈리는 1944년에 벨 연구소의 수석 부사장이 되었고, 1951년에 사장으로 승진했다. 사장 재임 동안 그는 태양전지와 레이저를 개발했다.

두 번째로 소개할 과학자는 미국의 바딘이다.

존 바딘(John Bardeen, 1908~1991, 미국, 1956년, 1972년 노벨 물리학상 수상)

바딘은 1908년 미국 위스콘신주 매디슨에서 태어났다. 그는 위스콘신 대학 의과대학의 초대 학장인 찰스 바딘의 아들이었다.

바딘은 매디슨에 있는 위스콘신 대학 부속 고등학교에 다녔다. 그는 1923년, 15세의 나이로 학교를 졸업하고 같은 해 위스콘신 대학에 입학했다. 그는 아버지처럼 학자가 되고 싶지 않아 공학을 전공했다.

바딘은 1928년 위스콘신 대학에서 전기공학 학사 학위를 받았다. 바딘은 자신이 관심을 두고 있던 물리학 및 수학 대학원 과정을 모두 수강했고, 1929년 위스콘신 대학에서 전기공학 석사 학위를 받았다.

이후 위스콘신 대학에 머물면서 연구를 계속하다가 피츠버그에 본사를 둔 걸프 오일(Gulf Oil Corporation)의 연구 부문에서 일하게 되었다. 1930년부터 1933년까지 바딘은 그곳에서 자기 및 중력 측량 해석 방법 개발에 참여해 지구 물리학자로 일했다.

　그 후 바딘은 프린스턴 대학의 수학 대학원 프로그램에 지원하여 합격했다. 대학원생으로서 바딘은 수학과 물리학을 공부했다. 그는 물리학자 유진 위그너(Eugene Wigner)의 지도로 고체물리학의 문제에 관한 논문을 썼다. 논문을 완성하기 전, 1935년에 하버드 대학 펠로우 협회의 주니어 펠로우 자리를 제의받아 1935년부터 1938년까지 반 블렉(John Hasbrouck van Vleck)과 함께 일했으며, 1936년 프린스턴 대학에서 수리물리학 박사 학위를 받았다.

　1941년부터 1944년까지 바딘은 해군 병기 연구소에서 자기 지뢰와 어뢰, 지뢰와 어뢰 대응책을 연구하는 그룹을 이끌었고, 1945년 10월 벨 연구소에 입사해 고체물리학 그룹의 일원이 되어 쇼클리와 브래튼을 만났다. 이 그룹의 주 연구는 깨지기 쉬운 유리 진공관 증폭기에 대한 반도체 대안을 찾는 것이었다.

세 번째 과학자는 미국의 쇼클리이다.

윌리엄 쇼클리(William Bradford Shockley Jr.,
1910~1989, 미국, 1956년 노벨 물리학상 수상)

쇼클리는 런던에 사는 미국인 부모에게서 태어나 3세부터 가족의 고향인 캘리포니아주 팔로 알토에서 자랐다. 그의 아버지는 광산 엔지니어였다. 그의 어머니는 미국 서부에서 자랐으며 스탠퍼드 대학을 졸업하고 미국 최초의 여성부 광업 측량사가 되었다. 쇼클리는 부모가 공립학교를 싫어했기 때문에 8살까지 홈스쿨링을 했다. 쇼클리는 스탠퍼드대 물리학 교수였던 이웃으로부터 어린 나이에 물리학을 배웠다. 쇼클리는 팔로 알토 육군사관학교에서 2년을 보낸 후 잠시 로스앤젤레스 코칭 스쿨에 등록하여 물리학을 공부하고 1927년에 할리우드 고등학교를 졸업했다.

1932년, 쇼클리는 캘리포니아 공과대학에서 이학사 학위를, 1936년에 메사추세츠 공과대학(MIT)에서 박사 학위를 받았다. 그의 박사 학위 논문 제목은 지도교수인 슬레이터(John C. Slater)가 제안한 염화나트륨의 전자 밴드였다.

쇼클리는 1936년 벨 연구소 켈리의 스카우트로 벨 연구소에 취직해 진공관에 대한 대안으로 반도체 소자를 연구하는 임무를 맡게 되었다. 1938년에 그는 전자 방전 장치를 개발해 특허를 따냈다.

제2차 세계대전이 발발하자 쇼클리는 연구를 잠시 중단하고 맨해튼에서 레이더 연구에 참여하게 되었다. 1942년 5월에 그는 벨 연구소를 떠나 컬럼비아 대학의 대잠전 작전 그룹의 연구 책임자가 되어 향상된 호송 기술, 수심 돌격 패턴 최적화 등을 통해 잠수함의 전술에 대응하는 방법을 고안했다.

1944년에 쇼클리는 B−29 폭격기 조종사들이 새로운 레이더 폭탄 조준경을 사용할 수 있도록 훈련 프로그램을 만들었다. 1944년 후반에 그는 결과를 평가하기 위해 3개월간 전 세계 기지를 순회했다. 1945년 7월 정부는 쇼클리에게 일본 본토 침공으로 인한 사상자 가능성에 관한 보고서를 준비할 것을 요청했고 쇼클리는 일본의 사망자 수를 40만 명에서 80만 명 정도로 예측했다.

네 번째 과학자는 브래튼이다.

월터 브래튼(Walter Houser Brattain, 1902~1987, 미국, 1956년 노벨 물리학상 수상)

　　세상에서 가장 쉬운 과학 수업 반도체 혁명

브래튼은 중국 청나라 푸젠성 아모이(Amoy, 현재 Xiamen)에서 미국인 부모 사이에서 태어났다. 1903년에 가족은 미국으로 돌아왔고 브래튼은 워싱턴주의 고등학교에 다녔으며, 시애틀의 퀸 앤 고등학교에서 1년, 토나스캣 고등학교에서 2년, 베인브리지 아일랜드의 모런 남자 고등학교에서 1년을 보냈다. 그 후 브래튼은 워싱턴주 왈라왈라에 있는 휘트먼 칼리지에 다녔고 1924년 물리학과 수학을 복수 전공하여 학사 학위를 받았다.

브래튼은 1926년 유진에 있는 오레곤 대학에서 문학석사 학위를 취득하고, 이어 박사 학위를 받았다. 1929년 미네소타 대학에서 브래튼은 반 블렉 밑에서 양자역학의 새로운 분야를 연구할 기회를 얻었다.

1927년부터 1928년까지 브래튼은 워싱턴 D.C.의 국립 표준국에서 근무하면서 압전 주파수 표준 개발을 도왔다. 1929년 8월에 그는 연구 물리학자로 벨 연구소에 입사해 조지프 베커(Joseph A. Becker)와 함께 산화구리 정류기에서 열에 의해 유발되는 전하 운반체의 흐름에 대해 연구했다. 그는 또한 텅스텐의 표면 상태와 일함수 및 토륨 원자의 흡착에 관해서도 연구했고 산화 제1구리와 실리콘의 반도체 표면에 대한 정류 및 광 효과에 대한 연구를 통해 광 효과를 발견했다. 브래튼은 1970년대에 시애틀로 이주하여 1987년 10월 13일 알츠하이머병으로 사망할 때까지 그곳에서 살았다.

# 점접촉 트랜지스터의 발명 _ 입력 신호를 100배로 증폭시키다

정교수   이제 트랜지스터 발명의 역사를 살펴볼게. 앞에서 얘기한 네 명의 과학자 중에서 바딘, 쇼클리, 브래튼을 '트랜지스터의 삼총사'라고 부르는데, 그들이 처음 만나게 된 곳은 미국의 벨 연구소야.

1935년경 벨 연구소 진공관 연구부장인 켈리는 점점 늘어나는 미국에서의 전화 수요에 대처하는 방안을 모색하고 있었다. 전화의 음성 신호를 케이블을 통해 전송하면 신호가 점점 약해져서 잘 들리지 않는 문제가 있었다. 켈리는 음성 신호를 증폭하는 방법을 생각했고 이를 위해 진공관을 이용했다. 하지만 미국 대륙은 어마어마하게 넓었고 엄청난 길이의 케이블에 진공관 증폭기를 설치하려면 엄청나게 많은 양의 진공관이 필요했다. 게다가 진공관은 수명이 짧고 진공관 속의 필라멘트를 가열하려면 엄청난 전력이 필요했으며, 진공관은 크기 때문에 수많은 진공관을 보관할 장소를 찾는 것도 역시 문제였다.

켈리는 진공관을 대체할 만한 증폭기는 없을까 고민했다. 증폭 및 스위칭 기능을 하는 진공관은 느리고 전력 소모가 많았다. 무엇보다 진공관의 가장 큰 문제점은 너무 거대하다는 데 있었다. 초창기 컴퓨터의 크기가 큰 것도 부품으로 사용하는 진공관의 부피가 너무 컸기 때문이었다.

세상에서 가장 쉬운 과학 수업 반도체 혁명

최초의 진공관 컴퓨터 에니악(ENIAC, Electronic Numerical Integrator And Computer)

진공관의 대안으로 반도체를 생각했지만 켈리는 반도체에 대한 지식이 별로 없었다. 1936년 켈리는 MIT에서 박사 학위를 갓 취득한 고체물리학의 천재 쇼클리를 눈여겨보았고 그를 벨 연구소에 채용했다. 쇼클리는 반도체 증폭기 개발 책임자가 되었다.

쇼클리는 작으면서도 진공관의 역할을 충실히 수행할 수 있는 장치 개발에 열중했다. 진공관을 대체하는 트랜지스터는 전류나 전압의 흐름을 조절하여 증폭 및 스위치 역할을 한다. 쇼클리는 벨 전화연구소에서 접합 트랜지스터의 발명과 개발로 이어질 실험들을 이어나갔다. 하지만 쇼클리는 반도체 증폭기 개발엔 번번이 실패했다.

1947년 어느 날, 쇼클리는 자신의 팀원들과 실패 원인에 대한 미팅을 가졌다. 이들 중에는 이론물리학자 바딘이 있었다. 바딘은 쇼클리에게 다음과 같이 말했다.

반도체에 대해 많은 것을 알게 되었지만 반도체 표면에 대해서 우리는 잘 모르고 있습니다. 우리가 주로 실험하는 위치는 주로 반도체 표면입니다. 아마도 반도체 표면에 대한 연구를 선행해야 할 것 같습니다.

– 바딘

쇼클리는 바딘에게 실험에 뛰어난 브래튼을 붙여주고 반도체 결정 표면을 연구하게 했다. 1947년 12월 17일 바딘과 브래튼은 반도체 단결정 덩어리의 바닥에 베이스(base) 전극을 접합하고, 결정의 윗 부분에 2개의 작은 금속 탐침으로 이미터(emitter)와 컬렉터(collector) 전극을 접촉시킨 점접촉 트랜지스터(point contact transistor)를 발명했다. 이것이 입력 신호를 100배로 증폭시키는, 최초로 개발된 반도체 트랜지스터이다.

바딘과 브래튼이 발명한
점접촉 트랜지스터

바딘과 브래튼이 발명한
점접촉 트랜지스터

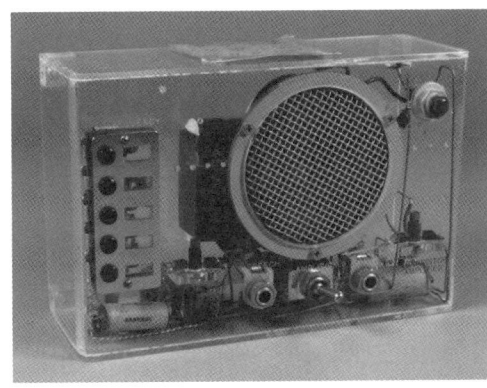

바딘이 만든 점접촉 트랜지스터를
이용한 뮤직 박스

물리양　어떤 장치인지 잘 모르겠어요.

정교수　좀 더 자세히 설명해줄게. 점접촉 트랜지스터는 다음과 같은
구조야.

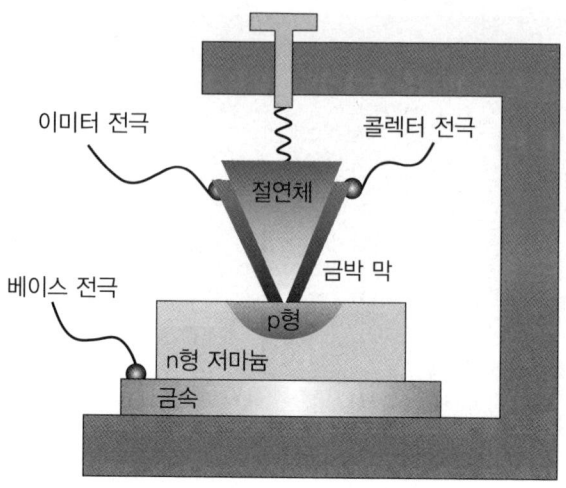

바딘과 브래튼은 n형 저마늄 반도체를 금속판 위에 올려놓고, 저마늄의 표면에 두 개의 분리된 미세한 전극을 만들기 위해 삼각형 모양의 절연체 물질(유리 또는 플라스틱)을 활용했지. 그림에 보이는 것처럼 삼각형 모양을 한 두 개의 면에 얇은 금박 막을 붙여주고, 삼각형의 꼭짓점 부분에서는 두 개의 금박이 서로 떨어지게 함으로써 두 개로 분리된 미세한 금속 전극을 만들 수 있었어. 제작된 두 개의 금박 전극을 저마늄 표면에 스프링을 이용하여 적당한 힘으로 눌러 접촉시켰어. 이때 두 개의 금박 전극은 각각 이미터 전극과 콜렉터 전극으로 활용될 수 있었고 베이스 전극은 저마늄을 올려놓은 금속판을 이용하여 구성했어.

물리양　삼각형 모양의 구조체 역할을 뭐죠?

정교수　단순히 이미터 전극과 콜렉터 전극을 지탱하게 해주기 위한 틀일 뿐 다른 역할은 없어. 바딘과 브래튼은 베이스 전극의 전류를 제어함으로써 이미터 전극과 콜렉터 전극 사이에 전류의 양을 조절할 수 있었어. 즉, 이미터 전극으로는 약한 전류를 흘려보냈는데, 콜렉터 전극에서는 강한 전류가 흘렀지.

물리양　전류가 증폭되었네요.

정교수　맞아. 이렇게 3개의 독립된 접촉 전극을 가진 최초의 트랜지스터를 발명한 거지.

물리양　이미터, 베이스, 콜렉터의 역할은 뭐죠?

정교수　이미터는 작은 전류를 흘려보내는 역할을 하고 베이스는 이미터에서 흘러들어 온 전류를 조절하는 역할을 해. 콜렉터는 증폭된 전류를 만드는 곳이라고 생각하면 돼. 이렇게 트랜지스터는 세 개의 전극으로 이루어져 있지.

물리양　쇼클리는 이 연구에 참여를 안 했네요.

정교수　쇼클리는 다른 일이 있어서 이 실험에 참여하지 않았어. 그래서 최초의 트랜지스터 발명자는 아니지. 바딘과 브래튼은 점접촉 트랜지스터의 여러 가지 성질을 조사해 논문으로 발표했어.[34]

물리양　쇼클리는 어떤 일을 한 거죠?

정교수　쇼클리가 이 단계에서 새로운 일을 하지 못했다면 노벨상을 받지 못했을 거야. 하지만 그는 반도체 트랜지스터의 중요성을 인식하고 바딘과 브래튼이 발명한 점접촉 트랜지스터의 동작이론을 연구했지.

---

34) Bardeen, J.; Brattain, W.H. (15 July 1948), "The Transistor, A Semiconductor Triode", Physical Review, American Physical Society, 74(2): pp. 230~231.

쇼클리

    1948년 1월 23일에 쇼클리는 러셀 올(Russell Ohl)이 발견한 p-n 접합 다이오드를 기반으로 완전히 새로운 트랜지스터인 쌍극형 접합 트랜지스터(bipolar junction transistor)를 발명했어.[35,36,37] 그해 6월 쇼클리는 쌍극형 접합 트랜지스터에 대한 특허를 신청했고 1949년에 그 작동에 대한 상세한 이론을 발표했어. 그로부터 2년 후에 벨 연구소에서는 쌍극형 접합 트랜지스터를 대량 생산할 수 있는 공정을 개발했지.

35) Shockley, William, Bell Labs lab notebook No. 20455(January 1948), pp. 128~32, 23.

36) Shockley, W., "Circuit Element Utilizing Semiconductive Material," U. S. Patent 2,569,347(Filed June 26, 1948. Issued September 25, 1951).

37) Shockley, William, "The Theory of P-N Junctions in Semiconductors and P-N Junction Transistors," Bell System Technical Journal Vol. 28 No. 3(July 1949), pp. 435~89.

왼쪽부터 바딘, 쇼클리, 브래튼

물리양  쌍극형 접합 트랜지스터는 어떤 원리로 작동되죠?

정교수  쌍극형 접합 트랜지스터에는 두 종류가 있어. 다음 그림은 pnp 쌍극형 접합 트랜지스터야.

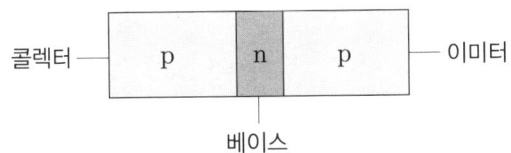

다음 그림은 npn 쌍극형 접합 트랜지스터야.

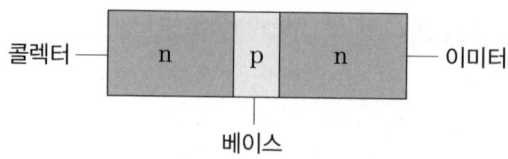

콜렉터 — n p n — 이미터

베이스

쌍극형 접합 트랜지스터에서는 이미터 영역의 불순물 농도를 콜렉터 및 베이스 영역의 불순물 농도보다 아주 높게 해야 해. 실리콘 결정의 원자 수가 1cm$^3$당 $5 \times 10^{22}$개 정도인데, 이미터 영역에서 불순물 원자 수는 1cm$^3$당 $10^{17}$개 정도로 하고 베이스 영역이나 콜렉터 영역에서 불순물 원자 수는 1cm$^3$당 $10^{15}$개 정도가 되게 하지. 이때 베이스 영역은 콜렉터 영역이나 이미터 영역에 비해 좁게 만들어.

이제 npn 쌍극형 접합 트랜지스터의 작동 원리를 설명할 것이다. 다음 그림을 보자.

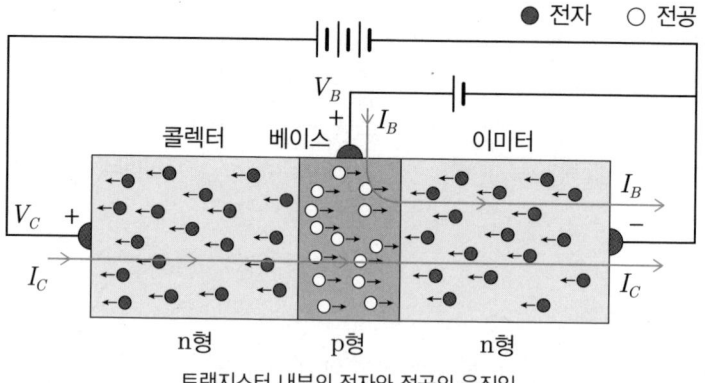

트랜지스터 내부의 전자와 정공의 움직임

여기서 이미터를 접지시켜서 전기퍼텐셜이 0이 되게 했다. 그러니까 이미터의 전기퍼텐셜은

$$V_E = 0$$

이 된다. 그리고 콜렉터에 전압 $V_C$를 걸어주었다. 그리고 베이스에 전압 $V_B$를 걸어주는데 $V_C > V_B$가 되게 했다.

그러면 베이스와 이미터 사이는 정방향 바이어스가 되어 베이스 전류 $I_B$가 그림과 같이 흐르게 된다. 즉 이미터 영역의 자유전자들이 베이스 쪽으로 움직인다. 이때 전류의 방향은 자유전자의 방향과 반대가 되는데, 베이스 영역을 아주 좁게 만들면 베이스 영역으로 들어간 자유전자들은 콜렉터 영역으로 움직인다. 이것이 콜렉터 전류 $I_C$를 만들게 된다. 이때 베이스 영역에 남아 있는 자유전자의 수는 작고 콜렉터로 들어간 자유전자의 개수는 많다. 일반적으로는 95% 정도의 자유전자가 콜렉터로 흘러 들어간다. 그러면 콜렉터에서 전류가 증폭함으로써 트랜지스터는 증폭 기능을 가지게 된다.

하지만 만일 베이스에 전압을 가하지 않으면 ($V_B = 0$) 콜렉터와 베이스 사이가 역방향 바이어스가 되어 트랜지스터 전류가 흐르지 않는다. 이렇게 전류를 흐르게도 했다가 흐르지 않게도 하는 작용을 스위칭 작용이라고 한다. 즉 트랜지스터는 스위치와 같은 역할을 한다. 만일 전류가 흐르는 경우를 1에 대응시키고 전류가 흐르지 않는 경우를 0에 대응시키면 이진법 연산이 가능해지고 이를 이용해 컴퓨터를

만들 수 있게 된다.

초기의 쌍극형 접합 트랜지스터

쌍극형 접합 트랜지스터

## 금속산화막 반도체 장효과 트랜지스터 _ 아탈라와 강대원 박사

정교수  이번에는 점접촉 트랜지스터와 쌍극형 접합 트랜지스터가 아닌 다른 종류의 트랜지스터 발명의 역사를 살펴볼게.

물리양  어떤 트랜지스터죠?

정교수  장효과 트랜지스터(FET, Field effect transistor)야.

물리양  장은 무슨 뜻이죠?

정교수  여기서 '장'은 전기장을 말해. 반도체의 표면에 수직 방향으로 전기장을 가해 반도체 표면에서 수평 방향으로 흐르는 전류를 제어하는 트랜지스터를 말해. 앞으로는 FET라고 부를게. FET의 아이디어는 점접촉 트랜지스터 발명보다 훨씬 전인 1925년에 나왔어. 이 아이디어를 낸 사람은 오스트리아─헝가리 태생의 물리학자 릴리엔펠트야.

율리우스 에드가 릴리엔펠트(Julius Edgar Lilienfeld, 1882~1963, 오스트리아-헝가리-미국)

　릴리엔펠트는 오스트리아-헝가리 제국의 오스트리아 지역인 렘베르크(현재 리비우)의 유대인 가정에서 태어났다. 그의 아버지는 변호사였다. 릴리엔펠트는 독일 베를린에 있는 프리드리히 빌헬름 대학(1949년 훔볼트 대학으로 개명)에서 공부하여 박사 학위를 받았다. 1905년 그는 라이프치히 대학 물리학 연구소에서 비정규 교수로 일하기 시작했다.

　라이프치히 대학에서 릴리엔펠트는 1910년부터 금속 전극 사이의 '진공'에서의 전기 방전에 관해 연구했다. 또한 그는 전기장에 의한 전자 방출에 관해서도 연구했다. 1921년 릴리엔펠트는 라이프치히 교수직을 사임하고 미국으로 이주했다. 미국에서 릴리엔펠트는 산화알루미늄 필름에 관한 연구를 수행해 1931년에 특허를 얻었다. 1926

년 릴리엔펠트는 FET의 이론을 제시했다.[38] 하지만 이 이론을 기반으로 트랜지스터를 만드는 데는 실패했다.

물리양   FET는 누가 만들었지요?

정교수   1945년에 쇼클리는 FET를 연구하기 시작했고 그 이론을 만들었어. 하지만 FET를 만드는 데는 실패했지. 1946년 바딘은 표면 상태 이론을 반도체에 적용했어. 반도체 표면으로 끌어 당겨지는 추가 전자로 인해 외부에서 가해진 전기장이 표면에서 차단된다는 이론이었지. 이것은 표면 물리학의 탄생이었어. 바딘은 이러한 이론을 이용해 FET를 만들어보려고 했지. 하지만 이렇게 만들어진 FET는 증폭 기능이 너무 약해 쓸모가 없었어. 그러던 중 바딘은 브래튼과 함께 FET와는 완전히 다른 트랜지스터인 점접촉 트랜지스터를 우연히 발명하게 된 거야. 쇼클리도 실용적인 FET를 만드는 데는 실패하고 쌍극형 접합 트랜지스터를 발명하게 된 거지. 비록 점접촉 트랜지스터가 쌍극형 접합 트랜지스터보다 1년 먼저 발명되었지만 주로 상용화된 것은 쌍극형 접합 트랜지스터였어. 이것이 쇼클리가 바딘, 브래튼과 함께 노벨 물리학상을 받은 이유이기도 하지.

---

38) Lilienfeld, J.E., "Method and apparatus for controlling electric current", US Patent no. 1,745,175(filed: 8 October 1926; issued: 28 January 1930).

노벨상을 받는 브래튼

<u>정교수</u>　이제 MOSFET의 발명에 대한 역사를 살펴볼게. MOSFET
은 'Metal Oxode Semiconductor Field Effect Transistor'의 약자야.
우리 말로는 금속 산화막 반도체 장효과 트랜지스터지.

　1950년대에 바딘, 브래튼, 쇼클리는 반도체와 산화물로 이루어진
인터페이스에 관심을 가졌다. 당시 필로 판즈워스(Philo Farnsworth)
는 깨끗한 반도체 표면을 생성하는 다양한 방법을 고안했다. 1955년에
칼 프로쉬(Carl Frosch)은 실수로 실리콘 웨이퍼(실리콘 단결정 또는
다결정을 길게 기른 후 얇게 잘라서 판 모양으로 만든 것) 표면을 이산
화규소층으로 덮었다. 그들은 산화물층이 실리콘 웨이퍼에 특정한 불
순물을 방지하는 동시에 다른 불순물을 허용한다는 것을 알아냈다. 그
들의 추가 연구에서는 실리콘 웨이퍼의 선택된 영역으로 불순물을 확
산시키기 위해 산화물층에 작은 구멍을 에칭[39]하는 방법을 개발했다.

---

39) 물질 표면의 선택된 부분에 희망하는 패턴을 발생시키기 위하여 산이나 기타 부식제를 사
용하여 화학적으로 부식시켜 제거하는 것을 에칭이라고 한다.

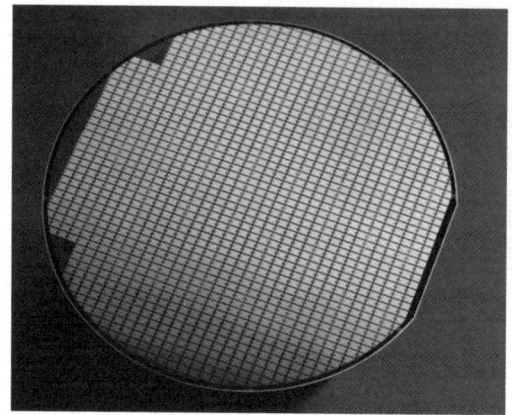

실리콘 웨이퍼

1957년에 칼 프로쉬와 링컨 데릭은 연구 논문[40,41]을 발표하고 그들의 작업을 요약한 기술에 대해 특허를 받았다. 그들이 개발한 기술은 산화물 확산 마스킹으로 알려져 있으며, 나중에 MOSFET 장치 제조에 사용된다.

정교수 　이러한 연구를 토대로 발명된 것이 바로 MOSFET야. 이것을 발명한 사람은 이집트의 엔지니어 아탈라와 대한민국의 물리학자 강대원 박사야. 이 두 사람에 대해 이야기해볼게. 먼저 아탈라에 대해 이야기할게.

40) Derick, Lincoln and Frosch, Carl J., "Oxidation of Semiconductive Surfaces for Controlled Diffusion", U. S. Patent 2,802,760(Filed December 2, 1956. Issued August 13, 1957).

41) Frosch C. J. and Derick, L., "Surface Protection and Selective Masking during Diffusion in Silicon", Journal of the Electrochemical Society, Vol. 104, No. 9(September 1957), pp. 547~552.

모하메드 아탈라(Mohamed M. Atalla, 1924~2009, 이집트-미국)

아탈라는 이집트 포트사이드에서 태어났다. 그는 이집트의 카이로 대학에서 공부하여 이학사 학위를 받았다. 이후 미국으로 유학해 퍼듀 대학에서 기계공학을 공부해 1947년에 기계공학 석사 학위를 받았고 1949년에 박사 학위를 받았다.

퍼듀 대학에서 박사 학위를 받은 후 아탈라는 벨 연구소에 입사했다. 그는 1950년에 전기 기계 계전기의 신뢰성과 관련된 문제와 회선 교환 전화 네트워크를 연구했다. 트랜지스터의 출현과 함께 아탈라는 머레이 힐(Murray Hill) 연구소로 옮겨 1956년에 소규모 트랜지스터 연구팀을 이끌기 시작했다. 그는 기계공학 배경을 갖고 물리 화학에 대한 정규 교육을 받은 적이 없음에도 불구하고 물리 화학 및 반도체 물리학에 대한 빠른 학습 능력을 입증하여 결국 이 분야에서 높은 수준의 기술을 보여주었다. 그는 특히 실리콘 반도체의 표면 특성과 실리콘 반도체 장치의 보호층으로 실리카를 사용하는 방법을 연구했다.

1956년에서 1960년 사이에 아탈라는 아일린 타넨바움(Eileen Tannenbaum), 에드윈 조지프 샤이너(Edwin Joseph Scheinner) 및 강대원 박사를 포함한 벨 연구소 소규모 팀을 이끌었다. 이 팀은 팀 리더인 아탈라가 기계공학 출신이기 때문에 처음에는 벨 연구소에서 주목을 받지 못했다. 하지만 아탈라와 그의 팀은 반도체 기술 분야에서 상당한 발전을 이루었다.

정교수   이번에는 대한민국의 강대원 박사에 대해 이야기할게.

강대원(1931~1992, 대한민국)

강대원 박사는 1931년 5월 4일 서울에서 태어났다. 그는 경기중학교[42]를 월반할 정도로 명석한 학생이었다. 그는 한국전쟁 기간 해병대 통역장교로 복무한 후 1955년 서울대 물리학과를 조기 졸업하였다.

---

42) 당시에는 중학교가 6년제였다.

강대원 박사와 부모님

강대원 박사는 미국 유학길에 오른 지 1년만인 1956년 오하이오 주립대학에서 이학석사 학위를 받았고, 또 3년만인 1959년 전기공학으로 박사 학위를 받았다. 한국에서 학사 학위를 받은 지 4년 만에 낯선 이국땅에서 이룬 결실이다.

박사 학위를 받은 후 미국 벨 연구소에 입사 한 강대원 박사는 아

오하이오 주립대에서 딸과 함께 찍은 사진

탈라와 함께 MOSFET을 발명했다. 이 반도체는 저렴하고 성능이 좋아 MOSFET이 양산되면서 전자산업은 꽃을 피우기 시작했다.

강대원 박사의 1988년 벨 연구소에서 은퇴하기까지 플로팅 게이트를 비롯해 다양한 발명품을 선보이며 연구에 매진했다. 강대원이 세계적으로 인정받은 발명은 두 가지다. 하나는 MOSFET이고 다른 하나는 플로팅 게이트이다.

1967년 강대원 박사는 전원을 꺼도 저장된 데이터가 사라지지 않는 비휘발성 기억장치인 플로팅 게이트(non-volatile floating-gate memory: 미국 특허 번호 3500142)를 개발했다. 이것은 전원이 꺼지면 데이터가 사라지는 휘발성 메모리 반도체인 D램에서 데이터를 저장하는 방인 축전지 대신 스위치 기능을 하는 플로팅 게이트의 상하를 절연막으로 쌓아 데이터를 저장하는 기술이다. 그는 동료와 치즈 케이크를 먹던 중 여러 층을 쌓아 게이트가 마치 절연체 사이에 떠 있는 듯한 구조를 떠올렸다.

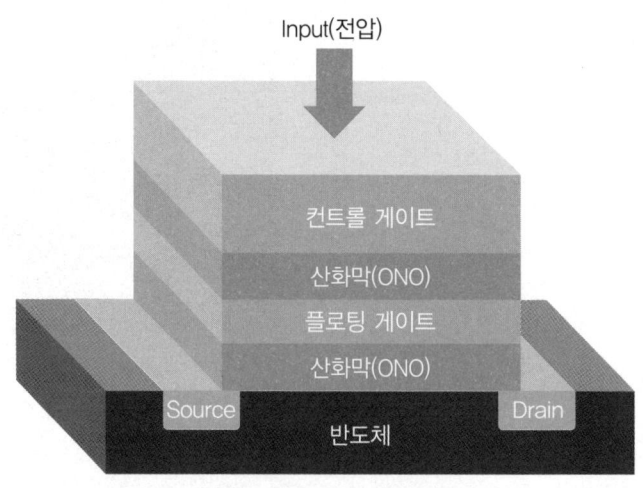

플로팅 게이트 MOSFET의 구조

세상에서 가장 쉬운 과학 수업 반도체 혁명

강대원 박사가 개발한 플로팅 게이트로 인해 38년 후인 2005년 독일의 세계적인 필름업체 아그파가 창립 140주년 만에 도산했다. 플로팅 게이트 기술로 낸드플래시가 개발됐고 이를 탑재한 디지털카메라의 등장이 필름 수요를 줄였기 때문이었다. 낸드플래시는 우리나라 반도체 산업의 효자상품 중 하나이다. 이것은 한번 저장하면 전원을 끄더라도 데이터가 사라지지 않아 MP3 플레이어 등 다양한 전자 제품의 저장 장치로 활용된다.

낸드 플래시

1988년 벨 연구소를 은퇴한 강대원 박사는 일본 최대의 통신회사인 NEC가 컴퓨터와 커뮤니케이션 기술의 기초연구를 목적으로 미국 뉴저지에 세운 'NEC 리서치 연구소'의 초대 소장이 되었다.

1988년 NEC에서의 강대원 박사

이곳에서 새로운 동료들과 신기술 개발에 나섰던 강대원은 1992년 학술대회를 끝내고 돌아오던 길에 뉴저지 공항 인근에서 대동맥류 파열로 쓰러졌다. 그는 뉴저지 뉴브룬스윅의 성베드로 병원으로 이송됐지만 끝내 일어나지 못했다. 강대원 박사라는 천재 반도체 과학자 덕분에 한국은 반도체 강국으로 도약할 수 있게 되었다.

물리양　이탈라와 강대원 박사는 어떻게 MOSFET을 발명한 거죠?

정교수　1958년 이집트 출신의 엔지니어 아탈라는 깨끗한 실리콘 표면에 얇은 산화규소를 성장시키면 표면 상태가 중화된다는 것을 보여주는 실험적 연구를 해 이듬해 발표했어.[43] 이는 표면 패시베이션

43) Atalla, M.; Tannenbaum, E.; Scheibner, E. J.(1959), "Stabilization of silicon surfaces by thermally grown oxides", The Bell System Technical Journal. 38(3): pp. 749~783.

(Surface Passivation)으로 알려져 있으며, 훗날 실리콘 집적회로의 대량 생산이 가능해질 때 반도체 산업에 매우 중요한 방법이 되었지.

1959년 아탈라와 강대원 박사는 최초로 MOSFET을 발명했다. 이 내용은 이듬해 논문으로 실렸다.[44] MOSFET은 쌍극형 접합 트랜지스터보다 훨씬 낮은 전력 소비 및 높은 밀도를 보여주었고, 고밀도 집적회로 구축을 가능하게 하는 트랜지스터의 혁명이었다. MOSFET은 또한 더 높은 전력을 처리할 수 있고 소형화 및 대량 생산이 가능한 최초의 진정한 소형 트랜지스터였다. 따라서 MOSFET은 컴퓨터, 전자 제품 및 스마트폰과 같은 통신 기술에서 가장 일반적인 유형의 트랜지스터가 되었다. 미국 특허청은 MOSFET을 "전 세계의 삶과 문화를 변화시킨 획기적인 발명품"이라고 극찬했다.

정교수   이제 아탈라와 강대원 박사가 발명한 MOSFET의 작동 원리를 살펴볼게. MOSFET에서는 이미터, 콜렉터, 베이스 대신 소스, 드레인, 게이트라는 용어를 사용해. 일반적인 MOSFET의 모양은 다음과 같아.

---

[44] Atalla, M.; Kahng, D.(1960), "Silicon-silicon dioxide field induced surface devices", IRE-AIEE Solid State Device Research Conference.

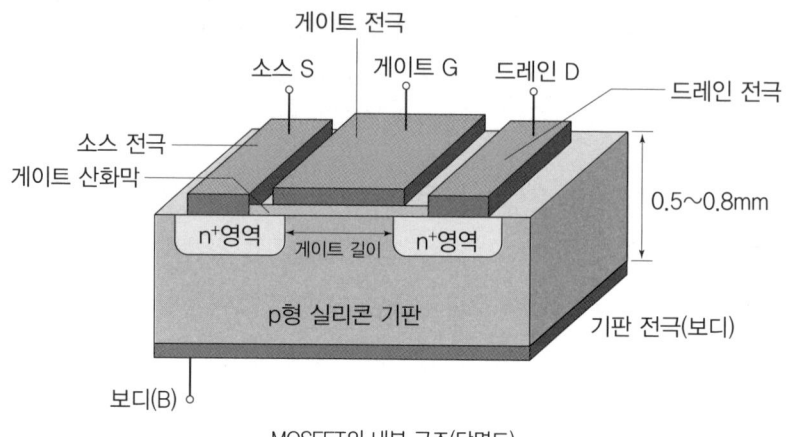

게이트 전극

소스 S  게이트 G  드레인 D  ── 드레인 전극

소스 전극

게이트 산화막

$n^+$영역  게이트 길이  $n^+$영역  0.5~0.8mm

p형 실리콘 기판  기판 전극(보디)

보디(B)

MOSFET의 내부 구조(단면도)

위 그림에서 보는 것처럼 실리콘 기판(body) 위에 얇은 산화규소 막이 있고 그 위에 전극과 연결된 소스, 게이트, 드레인이 차례로 놓여있다. 기판에도 전극이 붙어 있는데, 일반적으로 소스와 연결하거나 전압이 낮은 전원에 연결한다. 위 그림에서 $n^+$영역은 n형 반도체를 말한다. MOSFET을 좀 더 자세히 그리면 다음과 같다.

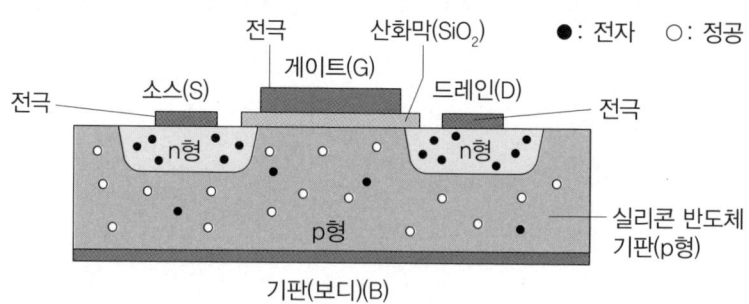

전극  산화막(SiO$_2$)  ● : 전자  ○ : 정공

소스(S)  게이트(G)  드레인(D)

전극  n형  n형  전극

p형  실리콘 반도체 기판(p형)

기판(보디)(B)

게이트에 음의 전압을 걸면 정공이 기판 위쪽으로 이동해 소스와 드레인 사이에 전류가 흐르지 않는다. 이것은 MOSFET이 OFF 상태임을 나타낸다.

반대로 게이트에 양의 전압을 걸면 자유전자가 기판 위쪽으로 이동한다. 이때 소스 밑에 있는 n형 반도체와 드레인 밑에 있는 n형 반도체가 기판의 위쪽 부분의 p형 반도체와 연결되어 자유전자가 소스에서 드레인으로 움직이는 길(채널)이 생긴다. 그러므로 전류는 드레인에서 소스 방향으로 흐르게 된다. 이 전류를 드레인 전류라고 부른다. 드레인 전류는 게이트에 걸어주는 전압에 비례하므로 게이트 변압의 작은 변화로 소스로 흐르는 전류의 큰 변화를 만들어 증폭시킬수 있다. 이것은 MOSFET이 ON 상태이다. MOSFET은 중간에 산화막(절연체)이 있으므로 게이트에는 전류가 전혀 흐르지 않는다. 그래서 소비 전력을 줄일 수 있다.

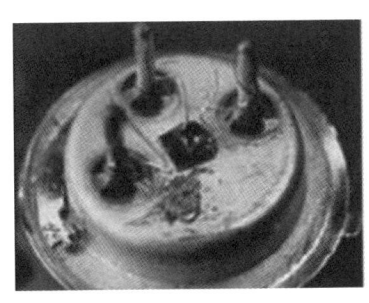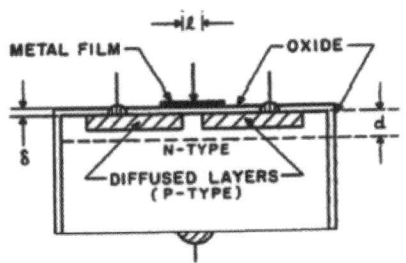

강대원 박사가 발명한 MOSFET

MOSFET은 세계 최초의 반도체인 점접촉 트랜지스터에 비해 고집적화가 가능하고 대량 생산할 수 있어 컴퓨터의 중앙처리장치(CPU)와 메모리 장치인 D램, S램, 그리고 휴대폰용 통신칩 등 모든 디지털 전자회로의 토대가 되었다. 적은 전력으로도 반도체 구동이 가능해 트랜지스터나 IC를 고집적화하고 대량 생산할 수 있도록 한 것이 MOSFET의 핵심이다.

## 집적회로의 발명 _ 킬비와 노이스

**정교수**  이제 집적회로(IC, Integrated Circuit)를 발명한 두 과학자의 이야기를 들려줄게.

**물리양**  집적회로가 뭐죠?

**정교수**  집적회로란 평평한 실리콘 기판 위의 작은 영역에 여러 개의 전자회로가 함께 제작되어 배열되어 있는 복합체를 말해. 즉, 트랜지스터, 다이오드, 저항, 축전기와 같은 전자 부품들과 이들을 연결하는 전선들이 각각 기능하여 연산을 하거나 시스템을 제어할 수 있도록 이들을 실리콘 기판 위에 배열하는 것을 말하지. 먼저 미국의 킬비에 대해 알아보도록 할게.

잭 킬비(Jack St. Clair Kilby, 1923~2005, 미국, 2000년 노벨 물리학상 수상)

킬비는 1923년 미주리주 제퍼슨 시티에서 태어났다. 킬비의 부모 모두 일리노이 대학 출신이었고, 아버지는 지역 유틸리티 회사의 관리자였다. 킬비는 캔자스주 그레이트 벤드에서 자라서 그곳 학교에 다녔으며, 그레이트 벤드 고등학교를 졸업했다. 오늘날 마을 입구의 도로 표지판에는 그곳이 킬비가 자란 곳임을 가리키고 있다. 그레이트 벤드 고등학교에는 그의 이름이 붙은 장소가 있다.

킬비는 일리노이 대학에서 1947년에 전기공학 학위를 받았다. 그는 밀워키에 있는 글로브-유니언 기업의 한 부서인 센트럴랩에서 근무하면서 1950년 위스콘신 대학 매디슨 캠퍼스에서 전기공학 석사 학위를 취득했다.

1958년 중반, 텍사스 인스트루먼츠(TI)에 새로 입사한 킬비는 여름 휴가를 쓸 수 없었다. 그는 여름 내내 회로 설계 문제를 연구하면서 보냈고, 마침내 단일 반도체 재료로 회로 부품을 대량으로 제조하면 해결책을 제공할 수 있다는 결론에 도달했다. 즉 그는 집적회로를 발명한 것이다. 그해 9월 12일에 그는 회사 경영진에게 자신이 발견한 내용을 보고했다. 그는 오실로스코프가 부착된 게르마늄 조각을 보여주고 스위치를 누르면 오실로스코프가 연속적인 사인파를 보여주어 그의 집적회로가 작동하는 것을 시연했다. 킬비는 자신의 새로운 장치를 "전자회로의 모든 구성 요소가 완전히 통합된 반도체 재료 본체"라고 설명했다. 킬비는 집적회로 발명에 기여한 공로로 2000년 노벨 물리학상을 받았다.

 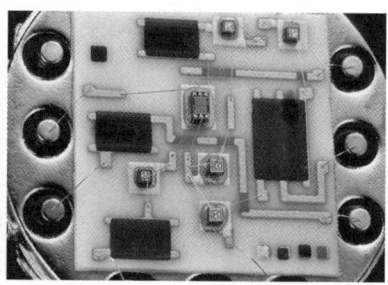

킬비가 만든 최초의 IC      킬비의 집적회로

그 후에도 킬비는 계속해서 마이크로칩 기술의 군사, 산업 및 상업 응용 분야를 개척했다. 그는 최초의 군사 시스템과 집적회로를 통합한 최초의 컴퓨터를 만든 팀을 이끌었다.

1970년에 그는 독립적인 발명가로 일하기 위해 TI를 떠나 햇빛으로부터 전력을 생성하기 위한 실리콘 기술의 사용을 탐구했다. 킬비는 1978년부터 1984년까지 텍사스 A&M 대학에서 전기공학 석좌교

수를 역임했다.

물리양 킬비가 집적회로의 발명자군요.

정교수 맞아. 킬비의 집적회로를 하이브리드식 집적회로라고 불러. 하지만 킬비의 집적회로는 문제점을 안고 있었어. 그 문제를 해결한 사람이 노이스야.

로버트 노이스(Robert Norton Noyce, 1927~1990, 미국)

노이스는 1927년 아이오와주 벌링턴에서 태어났다. 노이스는 12살이었을 때 어린아이만 한 크기의 항공기나 라디오를 만들었고 오래된 세탁기의 프로펠러와 모터를 용접하여 움직이는 썰매를 만들었다. 고등학교 시절 그는 수학과 과학에 재능을 보였으며, 4학년 때 그리넬 대학(Grinnell College) 신입생 물리학 과정을 수강했다. 1945년 그리넬 고등학교를 졸업한 그는 그해 가을에 그리넬 대학에 입학했다. 대학 시절 노이스는 오보에를 연주했다.

3학년 때 농장에서 훔친 돼지를 학교에서 구워 먹은 일로 학교에서

퇴학 당할 위기에 몰렸지만 물리학 교수이자 대학 총장인 그렌트 게 일은 노이스와 같은 학생을 잃고 싶지 않아 돼짓값을 물어주었다. 그 래서 노이스는 한 학기 정학을 당하고 1949년 2월에 다시 캠퍼스로 돌아와 1949년 물리학 및 수학 학사 학위를 취득했다.

노이스는 학부 시절 물리학 분야에 매료되어 그랜트 교수가 가르치 는 과목을 수강했다. 게일은 벨 연구소에서 생산한 최초의 트랜지스터 중 두 개를 구입하여 수업 시간에 보여주었다. 노이스는 트랜지스터에 매료되었다. 그 후 노이스는 MIT 물리학 박사 과정에 지원했다. 그는 1953년 MIT에서 물리학 박사 학위를 받았다.

1953년 MIT를 졸업한 후 노이스는 필라델피아에 있는 필코 코 퍼레이션(Philco Corporation)에서 연구 엔지니어로 일했다. 그 는 1956년에 트랜지스터의 공동 발명자인 쇼클리와 합류하기 위 해 캘리포니아주 마운틴뷰에 있는 쇼클리 반도체 연구소(Shockley Semiconductor Laboratory)에 들어갔다. 하지만 쇼클리의 경영스타 일을 싫어했던 노이스는 1년 후 사표를 던지고 페어차일드 반도체 회 사(Fairchild Semiconductor)를 창립했다.

물리양  노이스가 만든 집적회로는 뭐죠?

정교수  킬비가 1958년에 최초의 하이브리드 집적회로(하이브리드 IC)를 발명한 후 1959년 노이스는 새로운 유형의 집적회로인 모놀 리식 집적회로(monolithic integrated circuit)를 독립적으로 발명했 어. 이 집적회로는 킬비의 집적회로보다 실용적이었지. 노이스의 집적회로는 실리콘으로 만들어진 반면, 킬비의 집적회로는 저마늄으로 만들어졌어. 그리고 노이스의 집적회로는 최초의 단일체 집적회로였어. 외부 배선 연결이 있어 대량 생산이 불가능한 킬비의 집적회로와 달리 노이스의 모놀리식 직접회로는 모든 구성 요소를 실리콘 칩 위에 놓고 구리선으로 연결했지.

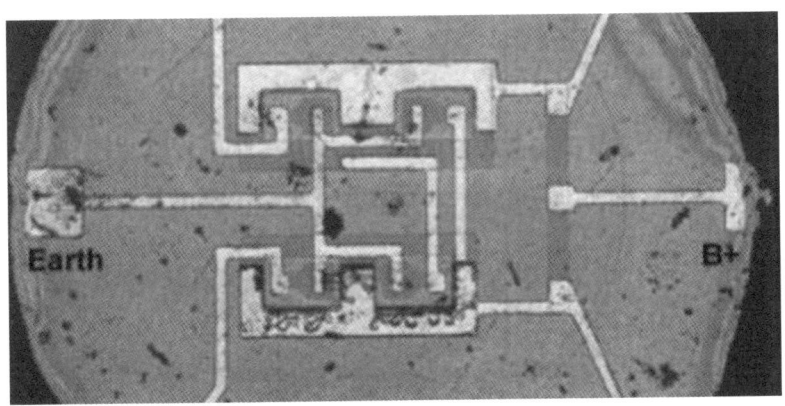

최초의 모놀리식 집적회로

직접회로

노이스는 1968년 페어차일드 반도체 회사를 접고 고든 무어 (Gordon Earle Moore, 1929~2023, 미국)와 함께 인텔을 설립했다. 인텔은 이사회 의장이자 회사의 주요 투자자인 아서 록(Arthur Rock)은 인텔의 성공을 위해서는 노이스와 무어와 그로브(Andrew Stephen Grove, 1936~2016, 헝가리-미국)가 필요하다고 말했다.

1970년 인텔 사무실에서 대화 중인 공동 창립자 고든 무어(왼쪽)과 로버트 노이스(오른쪽)

노이스가 인텔에 가져온 편안한 문화는 페어차일드 반도체 회사에서의 그의 스타일을 이어받은 것이다. 그는 직원들을 가족처럼 대하고 팀워크에 대해 보상하고 격려했다. 노이스의 경영 스타일은 '소매 걷어붙이기'라고 할 수 있다. 그는 모든 사람이 기여하고 누구도 호화로운 혜택을 받지 못하는, 덜 구조적이고 편안한 작업 환경을 선호하기 위해 멋진 회사 차량, 예약된 주차 공간, 개인용 제트기, 사무

세상에서 가장 쉬운 과학 수업 반도체 혁명

실, 가구를 피했다. 그는 임원 특혜를 거부함으로써 미래 세대의 인텔 CEO를 위한 모델로 우뚝 섰다.

인텔 본사

인텔에서 그는 테드 호프(Ted Hoff)의 개념으로 마이크로프로세서의 발명과 그의 두 번째 혁명인 최초의 상업용 마이크로프로세서 Intel 4004의 설계를 감독했다.

인텔 4004

만남에 덧붙여

Doc. 38
## PLANCK'S THEORY OF RADIATION AND THE THEORY OF SPECIFIC HEAT
by A. Einstein
[*Annalen der Physik* 22( 1907): 180-190]

In two previous papers[1] I have shown that the interpretation of the law of energy distribution of black-body radiation in terms of Boltzmann's theory of the second law leads to a new conception of the phenomena of light emission and light absorption, which, even though still far from having the character of a complete theory, is remarkable insofar as it facilitates the understanding of a series of regularities. The present paper will show that the theory of radiation—in particular Planck's theory—leads to a modification of the molecular-kinetic theory of heat by which some difficulties obstructing the implementation of that theory can be eliminated. The paper will also yield a

[2] relationship between the thermal and optical behavior of solids.

------------------

First we will give a derivation of the mean energy of Planck's resonator that clearly demonstrates its relation to molecular mechanics.

To that end we use a few results of the general molecular theory of

[3] heat.[1] Let the state of a system in the sense of the molecular theory be completely determined by the (very many) variables $P_1, P_2 ... P_n$. Let the molecular process proceed according to the equations

$$\frac{dP_\nu}{dt} = \Phi_\nu(P_1, P_2 \ . \ . \ . \ P_n), \qquad (\nu = 1, 2 \ . \ . \ . \ n) \ ,$$

and let the relation

[4]        (1)                          $\sum \frac{\partial \Phi_\nu}{\partial P_\nu} = 0$

hold for all values of the $P_\nu$'s.

------------------

[1]        [1]A. Einstein, *Ann. d. Phys.* 17 (1905): 132 and 20 (1905): 199.

Further, let a partial system of the system of the $P_\nu$'s be determined by the variables $p_1 \ldots p_n$ (which belong to the $P_\nu$'s), and let it be assumed that the energy of the whole system can with good approximation be thought of as composed of two parts, of which one ($E$) depends on the $p_1 \ldots p_m$ *only*, while the other is independent of $p_1 \ldots p_m$. Also, let $E$ be infinitesimally small compared with the total energy of the system.

The probability $dW$ that at a randomly picked instant the $p_\nu$'s lie in an infinitesimally small region $(dp_1, dp_2 \ldots dp_m)$ is then given by the equation[1]

$$(2) \qquad\qquad dW = Ce^{-\frac{N}{RT}E} dp_1 \ldots dp_m .\qquad\qquad [6]$$

Here $C$ is a function of the absolute temperature $(T)$, $N$ is the number of molecules in one gram-equivalent, $R$ is the constant of the gas equation referring to one gram-molecule.

If one puts

$$\int_{dE} dp_1 \ldots dp_m = \omega(E)\,dE ,$$

where the integral is to be extended over all combinations of the $P_\nu$'s to which correspond energy values between $E$ and $E + dE$, one obtains

$$(3) \qquad\qquad dW = Ce^{-\frac{N}{RT}E} \omega(E)\,dE .$$

If one chooses as the variables $P_\nu$ the center-of-mass coordinates and velocity components of mass points (atoms, electrons) and assumes that the accelerations depend only on the coordinates, but not on the velocities, then one arrives at the molecular-kinetic theory of heat. The relation (1) is here satisfied, so that equation (2) holds as well.

In particular, if one imagines that one has chosen as the system of the $p_\nu$'s, an elementary mass particle which can perform sinusoidal oscillations

---

[1]A. Einstein, *Ann. d. Phys.* 11 (1903): 170ff.                          [5]

along a straight line, and denotes its instantaneous distance from the
equilibrium position and velocity by  $x$  and  $\xi$ , respectively, one obtains

(2a) $$dW = Ce^{-\frac{N}{RT}E}\,dx\,d\xi\ ,$$

and since one has to take  $\int dx\,d\xi = \text{const.}\,dE$ , hence  $\omega = \text{const.}$[1]:

(3a) $$dW = \text{const.}\ e^{-\frac{N}{RT}E}\,dE\ .$$

The mean value of the mass particle's energy is therefore

(4) $$\bar{E} = \frac{\int Ee^{-\frac{N}{RT}E}\,dE}{\int e^{-\frac{N}{RT}E}\,dE} = \frac{RT}{N}\ .$$

It is obvious that formula (4) can also be applied to a rectilinearly
oscillating ion.  If one does so, and takes into account that, according to a
study by Planck[2], the relation

[8]     (5) $$\bar{E}_{\nu} = \frac{L^3}{8\pi\nu^2}\,\rho_{\nu}$$

must hold  between its mean energy  $\bar{E}$  and the density  $\rho_{\nu}$  of the black-body
radiation at the frequency considered there, then by eliminating  $\bar{E}$  from (4)
and (5) one arrives at Rayleigh's formula

[9]     (6) $$\rho_{\nu} = \frac{R}{N}\,\frac{8\pi\nu^2}{L^3}\,T\ ,$$

which, as is well known, represents only a limiting law for large values of
[10]  $T/\nu$ .

---

[1]Because one has to set  $E = ax^2 + b\xi^2$ .

[7]  [2]M. Planck, *Ann. d. Phys.* 1 (1900):  99.

To arrive at Planck's theory of black-body radiation, one can proceed as follows.[1] One retains equation (5), i.e., one assumes that Maxwell's theory of electricity yields the correct relationship between radiation density and $\bar{E}$. On the other hand, one abandons equation (4), i.e., one assumes that it is the application of the molecular-kinetic theory which causes a conflict with experience. However, we maintain the formulas (2) and (3) of the general molecular theory of heat. Instead of setting

[12]

$$\omega = \text{const.}$$

in accordance with the molecular-kinetic theory, we set $\omega = 0$ for all values of $E$ that are not extremely close to 0, $\epsilon$, $2\epsilon$, $3\epsilon$, etc. Only between 0 and $0 + \alpha$, $\epsilon$ and $\epsilon + \alpha$, $2\epsilon$ and $2\epsilon + \alpha$, etc. (where $\alpha$ is infinitesimally small compared with $\epsilon$) shall $\omega$ be different from zero, such that

$$\int_0^\alpha \omega dE = \int_\epsilon^{\epsilon+\alpha} \omega dE = \int_{2\epsilon}^{2\epsilon+\alpha} \omega dE = \ldots = A$$

As can be seen from equation (3), this stipulation involves the assumption that the energy of the elementary structure under consideration assumes only values that are infinitesimally close to 0, $\epsilon$, $2\epsilon$, etc.

Using the above stipulation for $\omega$, one obtains with the help of (3):

$$\bar{E} = \frac{\int Ee^{-\frac{N}{RT}E}\omega(E)dE}{\int e^{-\frac{N}{RT}E}\omega(E)dE} = \frac{0 + A\epsilon e^{-\frac{N}{RT}\epsilon} + A.2\epsilon e^{-\frac{N}{RT}2\epsilon} \ldots}{A + Ae^{-\frac{N}{RT}\epsilon} + Ae^{-\frac{N}{RT}2\epsilon} + \ldots} = \frac{\epsilon}{e^{-\frac{N}{RT}\epsilon} - 1}.$$

[13]

If one also sets $\epsilon = (R/N)\beta\nu$ (according to the quantum hypothesis), one obtains from this

[14]

---

[1]Cf. M. Planck, *Vorlesungen über die Theorie der Wärmestrahlung* [Lectures on the theory of thermal radiation]. (Leipzig: J.A. Barth, 1906), §§149, 150, 154, 160, 166.

[11]

[15]   (7)
$$E = \frac{\frac{R}{N}\beta\nu}{e^{\frac{\beta\nu}{T}} - 1}$$

as well as, with the help of (5), the Planck radiation formula,

$$\rho_\nu = \frac{8\pi}{L^3} \cdot \frac{R\beta}{N} \frac{\nu^3}{e^{\frac{\beta\nu}{T}} - 1} .$$

Equation (7) shows the dependence of the mean energy of Planck's resonator on the temperature.

———————

From the above it emerges clearly in which sense the molecular-kinetic theory of heat must be modified in order to be brought into agreement with the distribution law of black-body radiation. For although one has thought before that the motion of molecules obeys the same laws that hold for the motion of bodies in our world of sense perception (in essence, we are only adding the postulate of complete reversibility), we now must assume, for ions capable of oscillating at particular frequencies which can mediate an exchange of energy between matter and radiation, that the diversity of states they can assume is [16]   less than for bodies within our experience. For we had to make the assumption that the mechanism of energy transfer is such that the energy of elementary structures can only assume the values 0, $(R/N)\beta\nu$, $2(R/N)\beta\nu$, etc.[1]

I believe that we must not content ourselves with this result. For the question arises: If the elementary structures that are to be assumed in the theory of energy exchange between radiation and matter cannot be perceived in terms of the current molecular-kinetic theory, are we then not obliged also to modify the theory for the other periodically oscillating structures considered in the molecular theory of heat? In my opinion the answer is not in doubt. If Planck's radiation theory goes to the root of the matter, then contradic-

———————

[1] It is obvious that this assumption also has to be extended to bodies capable of oscillation that consist of any number of elementary structures.

tions between the current molecular-kinetic theory and experience must be expected in other areas of the theory of heat as well, which can be resolved along the lines indicated. In my opinion this is actually the case, as I shall now attempt to show.

The simplest conception one can form about thermal motion in solids is that its individual atoms perform sinusoidal oscillations about equilibrium positions. With this assumption, by applying the molecular-kinetic theory (equation (4)) while taking into account that three degrees of freedom of motion must be assigned to each atom, one obtains for the specific heat of a gram-equivalent of the substance [17]

$$c = 3Rn \ ,$$

or—expressed in gram-calories—

$$c = 5.94 \ n \ ,$$

when $n$ denotes the number of atoms in the molecule. It is well known that this relation applies with remarkably close approximation to most elements and to many compounds in the solid aggregation state (Dulong-Petit's law, rule of F. Neumann and Kopp). [18]

However, if one examines these facts a little closer, one encounters two difficulties that seem to set narrow limits on the applicability of the molecular theory.

1. There are elements (carbon, boron, and silicon) that in the solid state and at ordinary temperatures have specific atomic heats much smaller than 5.94. Furthermore, the specific heat per gram-molecule is less than [19] $n \cdot 5.94$ in all solid compounds containing oxygen, hydrogen or at least one of the elements just mentioned. [20]

2. Mr. Drude has shown[1] that the optical phenomena (dispersion) lead to the conclusion that several elementary masses moving independently of each other must be ascribed to each atom of a compound in that he successfully

---

[1]P. Drude, *Ann. d. Phys.* 14 (1904): 677.                                           [21]

related the infrared proper frequencies to oscillations of atoms (atom ions) and the ultraviolet proper frequencies to the oscillations of electrons. This poses a second significant difficulty for the molecular-kinetic theory of heat, because the specific heat would have to exceed significantly the value 5.94 $n$, since the number of mobile mass points per molecule is larger than the latter's number of atoms.

Based on the above one should note here the following: If we conceive of the carriers of heat in solids as periodically oscillating structures whose frequency is independent of their oscillation energy, then according to Planck's theory of radiation we should not expect the value of the specific heat always to be 5.94 $n$. Rather, we have to set (7)

$$\bar{E} = \frac{3R}{N} \frac{\beta\nu}{e^{\frac{\beta\nu}{T}} - 1} \cdot$$

The energy of $N$ such elementary structures, measured in gram-calories, hence has the value

$$5.94 \frac{\beta\nu}{e^{\frac{\beta\nu}{T}} - 1},$$

so that each such oscillating elementary structure contributes to the specific heat the value

(8) 
$$5.94 \frac{e^{\frac{\beta\nu}{T}} \cdot \left[\frac{\beta\nu}{T}\right]^2}{\left[e^{\frac{\beta\nu}{T}} - 1\right]^2}$$

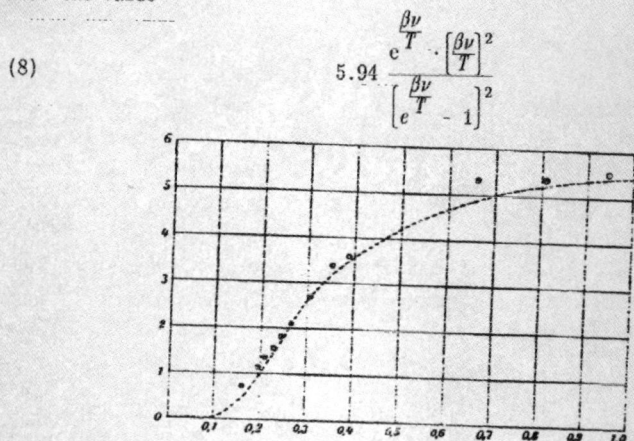

세상에서 가장 쉬운 과학 수업 반도체 혁명

per gram-equivalent. Thus, summation over all species of oscillating
elementary structures occurring in the solid substance in question yields the
following expression for the specific heat per gram-equivalent[1]:

(8a)
$$c = 5.94 \sum \frac{e^{\frac{\beta\nu}{T}} \cdot \left[\frac{\beta\nu}{T}\right]^2}{\left[e^{\frac{\beta\nu}{T}} - 1\right]^2} \cdot$$

The above figure[2] shows the value of expression (8) as a function of $x = (T/\beta\nu)$. If $(T/\beta\nu) > 0.9$, the contribution of the structure to the specific
molecular heat does not differ significantly from the value 5.94, which also
follows from the heretofore accepted molecular-kinetic theory; the smaller the
$\nu$, the lower the temperature at which this will already be the case. In con-
trast, if $(T/\beta\nu) < 0.1$, the elementary structure in question does not contri-
bute significantly to the specific heat. In between, the expression (8)
initially grows faster and then more slowly.

From what has been said it follows first of all that the electrons
capable of oscillation, which have to be postulated to explain the ultraviolet
proper frequencies, cannot significantly contribute to the specific heat at
normal temperatures $(T = 300)$, because the inequality $(T/\beta\nu) < 0.1$ becomes          [23]
the inequality $\lambda < 4.8 \ \mu$ at $T = 300$. On the other hand, if the elementary
structure satisfies the condition $\lambda > 48\mu$, then according to what has been
said above, its contribution to the specific heat must be close to 5.94 at
usual temperatures.

Since generally for infrared proper frequencies $\lambda > 4.8\mu$, according to          [24]
our conceptions these proper oscillations must contribute to the specific
heat, and the greater the $\lambda$, the greater this contribution. According to
Drude's investigations, these proper frequencies are to be attributed to the          [25]
ponderable atoms (atom ions) themselves. The most obvious conclusion seems
therefore to be to consider exclusively the positive atom ions as the carriers
of heat in solids (insulators).

---

[1]This consideration can easily be extended to anisotropic bodies.
[2]Cf. dashed curve.

[26]   If the infrared proper oscillation frequencies $\nu$ of a solid are known, then according to the aforesaid its specific heat as well as its dependence on the temperature would be completely determined by equation (8a). Pronounced deviations from the relation $c = 5.94\,n$ would have to be expected at normal temperatures if the substance in question showed an optical infrared proper frequency for which $\lambda < 48\,\mu$; at sufficiently low temperatures the specific heats of all solid bodies should decrease significantly with decreasing

[27]   temperature. Further, the Dulong-Petit law as well as the more general law $c = 5.94\,n$ must hold for all bodies at sufficiently high temperatures unless new degrees of freedom of motion (electron-ions) become apparent at the

[28]   latter.

   Both above-mentioned difficulties are resolved by the new interpretation and I believe it likely that the latter will prove its validity in principle. Of course, an exact agreement with the facts is out of the question. During

[29]   heating, solids experience changes in molecular arrangement (e.g., changes in volume) that are associated with changes in energy content; all solids that conduct electricity contain freely moving elementary masses that make a contribution to the specific heat; the random heat oscillations have possibly a somewhat different frequency than the proper oscillations of the elementary structures during optical processes. Finally, the assumption that the pertinent elementary structures have an oscillation frequency that is independent of the energy (temperature) is undoubtedly inadmissible.

   Nevertheless, it is interesting to compare our conclusions with observation. Since we are concerned with rough approximations only, we assume, in accordance with F. Neumann-Kopp's rule, that every element contributes equally to the molecular specific heat of all its solid compounds even if its specific heat is abnormally small. The numerical data presented in the

[30]   following table are taken from Roskoe's textbook of chemistry. We note that all elements with abnormally low atomic heat have low atomic weights; according to our interpretation, this is to be expected, since, ceteris paribus, low atomic weights correspond to high oscillation frequencies. The last column of the table lists the values of $\lambda$ in microns that are obtained from these numbers, if one assumes that they are valid at $T = 300$, with the help of the curve showing the relation between $x$ and $c$.

| Element | Specific atomic heat | $\lambda_{calc.}$ |
|---|---|---|
| S and P | 5.4 | 42 |
| Fl | 5 | 33 |
| 0 | 4 | 21 |
| Si | 3.8 | 20 |
| B | 2.7 | 15 |
| H | 2.3 | 13 |
| C | 1.8 | 12 |

Further, we take some data on infrared proper oscillations (metallic reflection, residual rays) of some transparent solids from the tables of Landolt and Börnstein; the observed $\lambda$ are listed in the table below as "$\lambda_{obs.}$"; the numbers under "$\lambda_{calc.}$" are taken from the above table if they refer to atoms with abnormally low specific heat; for the others it is assumed that $\lambda > 48 \mu$.  [31]

| Substance | $\lambda_{obs.}$ | $\lambda_{calc.}$ |
|---|---|---|
| CaFl | 24; 31.6 | 33; >48 |
| NaCl | 51.2 | >48 |
| KCl | 61.2 | >48 |
| $CaCO_3$ | 6.7; 11.4; 29.4 | 12; 21; >48 |
| $SiO_2$ | 8.5; 9.0; 20.7 | 20; 21 |

In the table, NaCl and KCl contain only atoms with normal specific heat; indeed, the wavelengths of their infrared proper oscillations are larger than $48 \mu$. The other substances contain only atoms with abnormally low specific heats (except for Ca); indeed, the frequencies of these substances range between 4.8 and $48 \mu$. In general, the values of $\lambda$ obtained theoretically from specific heats are considerably larger than those observed. It is possible that these deviations might be explained by a strong variation of the frequency of the elementary structure with its energy. Be that as it may, the agreement of the observed and the calculated $\lambda$ is remarkable both with respect to the sequence as well as with respect to the order of magnitude.

Finally, we will also apply the theory to diamond. Its infrared proper frequency is not known, but can be calculated on the basis of the theory described if the molecular specific heat $c$ is known for some temperature $T$;

the  $x$  corresponding to  $c$  can be taken directly from the curve, and  $\lambda$  is then calculated from the relation  $(TL/\beta\lambda) = x$.

[32]    I am using the experimental results of H. F. Weber, which I took from the tables of Landolt and Börnstein (cf. the following table). For  $T = 331.3$  we have  $c = 1.838$; according to the theory described, from this it follows that  $\lambda = 11.0\ \mu$. Based on this value, those in the table's third column are calculated according to the formula  $x = (TL/\beta\lambda)$,  $(\beta = 4.86 \cdot 10^{-11})$.

| $T$ | $c$ | $x$ |
|---|---|---|
| 222.4 | 0.762 | 0.1679 |
| 262.4 | 1.146 | 0.1980 |
| 283.7 | 1.354 | 0.2141 |
| 306.4 | 1.582 | 0.2312 |
| 331.3 | 1.838 | 0.2500 |
| 358.5 | 2.118 | 0.2705 |
| 413.0 | 2.661 | 0.3117 |
| 479.2 | 3.280 | 0.3615 |
| 520.0 | 3.631 | 0.3924 |
| 879.7 | 5.290 | 0.6638 |
| 1079.7 | 5.387 | 0.8147 |
| 1258.0 | 5.507 | 0.9493 |

[33]

The points, whose abscissas are these values of  $x$  and whose ordinates are the values of  $c$  as obtained experimentally from Weber's observations and listed in the table, should lie on the  $x,c$-curve shown above. We plotted these points—indicated by circles—in the above figure; in fact, they do almost lie on the curve. Hence we have to assume that the elementary carriers of heat in diamond are almost monochromatic structures.

[34]    Thus, according to the theory it is to be expected that diamond shows an absorption maximum at  $\lambda = 11\ \mu$.

Bern, November 1906.   (Received on 9 November 1906)

# The beginning of quantum statistics

O. Theimer and Budh Ram

*New Mexico State University, Las Cruces, New Mexico 88003*

(Received 16 January 1976)

## TRANSLATORS' PREFACE

Satyendranath Bose, the author of a four-page paper[1] which appeared in German more than fifty years ago and marked the beginning of quantum statistics, died on 4 February 1974. Professor Sudarshan in a recent issue of this Journal,[2] under the title "A World of Bose Particles," has reviewed some of the important developments in particle physics which followed from the fundamental insight contained in Bose's paper. As a tribute to the great physicist and legendary figure in India, we furnish below for both physicists and historians of science an English translation of that paper. It is of interest to note that the paper was originally written by Bose in English and submitted late in 1923 to the *Philosophical Magazine,* but was rejected.[3] It was Einstein who recognized the worth of that paper when he received the manuscript with the following note from Bose[3]:

Respected Sir:

I have ventured to send you the accompanying article for your perusal and opinion. I am anxious to know what you think of it. You will see that I have tried to deduce the coefficient $8\pi\nu^2/c^3$ in Planck's Law independent of the classical electrodynamics, only assuming that the ultimate elementary region in the phase-space has the content $h^3$. I do not know sufficient German to translate the paper. If you think the paper worth publication I shall be grateful if you arrange for its publication in *Zeitschrift fur Physik.* Though a complete stranger to you, I do not hesitate in making such a request. Because we are all your pupils though profiting only from your teachings through your writings. . . .

Einstein himself translated the paper and in early July 1924 submitted it to the *Zeitschrift* in Bose's name with the comment, "In my opinion Bose's derivation of the Planck formula signifies an important advance. The method used also yields the quantum theory of the ideal gas, as I will work out in detail elsewhere." It is remarkable that the notation used in modern texts on quantum statistics is almost the same as that employed by Bose.

보즈 논문(1924) 영문본

# Planck's law and the light quantum hypothesis

[Satyendranath] Bose
*Dacca University, India*
(Received by Zeitschrift für Physik on 2 July 1974)

The phase space of a light quantum in a given volume is subdivided into "cells" of magnitude $h^3$. The number of possible distributions of the light quanta of a macroscopically defined radiation over these cells gives the entropy and with it all thermodynamic properties of the radiation.

Planck's formula for the distribution of energy in blackbody radiation forms the starting point for the quantum theory which has been developed during the past twenty years and has yielded rich harvests in all fields of physics. Since its publication in the year 1901 many types of derivations of this law have been suggested. It is acknowledged that the fundamental assumptions of the quantum theory are inconsistent with the laws of classical electrodynamics. All existing derivations make use of the relation

$$\rho_\nu \, d\nu = (8\pi\nu^2 \, d\nu/c^3)E,$$

representing the relation between the radiation density and the mean energy of an oscillator, and they make assumptions concerning the number of degrees of freedoms of the ether as exemplified in the above equation (the first factor on the right-hand side). This factor, however, could be deduced only from the classical theory. This is the unsatisfactory point in all derivations, and it is not surprising that again and again efforts are made which try to give a derivation free of this logical deficiency.

A remarkably elegant derivation has been given by Einstein. Recognizing the logical defect in the existing derivations, he attempted to deduce the formula independently of any classical theory. Starting with very simple assumptions about the energy exchange between molecules and the radiation field, he finds the relation

$$\rho_\nu = \frac{\alpha_{mn}}{\exp[(\epsilon_m - \epsilon_n)/kT] - 1}.$$

However, in order to make this formula agree with that of Planck, he has to make use of Wien's displacement law and Bohr's correspondence principle. Wien's law is based on the classical theory; the correspondence principle assumes that the quantum theory agrees asymptotically with the classical theory in certain limiting cases.

In all cases it appears to me that the derivations have insufficient logical foundation. In contrast, the combining

세상에서 가장 쉬운 과학 수업 반도체 혁명

of the light quanta hypothesis with statistical mechanics in the form adjusted by Planck to the needs of the quantum theory does appear to be sufficient for the derivation of the law, independent of any classical theory. In the following I wish to sketch briefly the new method.

Let the radiation be enclosed in a volume $V$ and its total energy be $E$. Let there be different species of quanta each characterized by the number $N_s$ and energy $h\nu_s$ ($s = 0$ to $s = \infty$). The total energy $E$ is then

$$E = \sum_s N_s h\nu_s = V \int \rho_\nu \, d\nu. \tag{1}$$

The solution of our problem requires then the determination of the numbers $N_s$ which determine $\rho_\nu$. If we can state the probability for any distribution characterized by an arbitrary set of $N_s$, then the solution is determined by the requirement that the probability be a maximum provided the auxiliary condition (1) is satisfied. It is this probability which we now intend to find.

The quantum has a moment of magnitude $h\nu_s/c$ in the direction of its forward motion. The instantaneous state of the quantum is characterized by its coordinates $x$, $y$, $z$, and the associated momenta $p_x$, $p_y$, $p_z$. These six quantities can be interpreted as point coordinates in a six-dimensional space; they satisfy the relation

$$p_x{}^2 + p_y{}^2 + p_z{}^2 = h^2\nu^2/c^2,$$

by virtue of which the above-mentioned point is forced to remain on a cylindrical surface which is determined by the frequency of the quantum. In this sense the frequency domain $d\nu_s$ is associated with the phase space domain

$$\int dx \, dy \, dz \, dp_x \, dp_y \, dp_z$$
$$= V 4\pi (h\nu/c)^2 \, h \, d\nu/c = 4\pi (h^3\nu^2/c^3) V \, d\nu.$$

If we subdivide the total phase space volume into cells of magnitude $h^3$, then the number of cells belonging to the frequency domain $d\nu$ is $4\pi V(\nu^2/c^3) \, d\nu$. Concerning the kind of subdivision of this type, nothing definitive can be said. However, the total number of cells must be interpreted as the number of the possible arrangements of one quantum in the given volume. In order to take into account the polarization, it appears mandatory to multiply this number by the factor 2 so that the number of cells belonging to an interval $d\nu$ becomes $8\pi V(\nu^2 \, d\nu/c^3)$.

It is now very simple to calculate the thermodynamic probability of a macroscopically defined state. Let $N^s$ be the number of quanta belonging to the frequency domain $d\nu^s$. In how many different ways can we distribute these quanta over those cells which belong to the frequency interval $d\nu^s$? Let $p_0{}^s$ be the number of vacant cells, $p_1{}^s$ the number of those cells which contain one quantum, $p_2{}^s$ the number of cells containing two quanta, etc.; then the number of different distributions is

$$\frac{A^s!}{p_0{}^s!p_1{}^s!\cdots},$$

where

$$A^s = (8\pi\nu^2/c^3)\,d\nu^s,$$

and

$$N^s = 0p_0{}^s + 1p_1{}^s + 2p_2{}^s + \cdots$$

is the number of quanta belonging to the interval $d\nu^s$.

The probability of the state which is defined by all the $p_r{}^s$ is obviously

$$\prod_s \frac{A^s!}{p_0{}^s!p_1{}^s!\cdots}.$$

In view of the fact that we can look at the $p_r{}^s$ as large numbers, we have

$$\ln W = \sum_s A^s \ln A^s - \sum_s \sum_r p_r{}^s \ln p_r{}^s,$$

where

$$A^s = \sum_r p_r{}^s.$$

This expression should be maximum satisfying the auxiliary condition

$$E = \sum_s N^s h\nu^s; \quad N^s = \sum_r rp_r{}^s.$$

Carrying out the variation gives the condition

$$\sum_s \sum_r \delta p_r{}^s(1 + \ln p_r{}^s) = 0, \quad \sum_s \delta N^s h\nu^s = 0,$$

$$\sum_r \delta p_r{}^s = 0, \quad \delta N^s = \sum_r r\delta p_r{}^s.$$

It follows that

$$\sum_s \sum_r \delta p_r{}^s(1 + \ln p_r{}^s + \lambda^s) + \frac{1}{\beta}\sum_s h\nu^s \sum_r r\delta p_r{}^s = 0.$$

From this we get as the next step

$$p_r{}^s = B^s \exp(-rh\nu^s/\beta).$$

However, since

$$A^s = \sum_r B^s \exp\left(-\frac{rh\nu^s}{\beta}\right)$$

$$= B^s \left[1 - \exp\left(-\frac{h\nu^s}{\beta}\right)\right]^{-1},$$

we have

$$B_s = A^s[1 - \exp(-h\nu^s/\beta)].$$

Furthermore, we have the relation

$$N^s = \sum_r rp_r{}^s$$

$$= \sum_r rA^s \left[ 1 - \exp\left( -\frac{h\nu^s}{\beta} \right) \right] \exp\left( -\frac{rh\nu^s}{\beta} \right)$$

$$= \frac{A^s \exp(-h\nu^s/\beta)}{1 - \exp(-h\nu^s/\beta)}.$$

Because of the above stated value of $A^s$, it is also true that

$$E = \sum_s \frac{8\pi h\nu^{s^3}\, d\nu^s}{c^3} V \frac{\exp(-h\nu^s/\beta)}{1 - \exp(-h\nu^s/\beta)}.$$

Using the preceding results, one finds also that

$$S = k \left\{ \frac{E}{\beta} - \sum_s A^s \ln\left[ 1 - \exp\left( \frac{h\nu^s}{\beta} \right) \right] \right\};$$

from this it follows that $\beta = kT$, because of the condition $\partial S/\partial E = 1/T$. Substituting $kT$ for $\beta$ in the above equation for $E$, one obtains

$$E = \sum_s \frac{8\pi h\nu^{s^3}}{c^3} V \left[ \exp\left( \frac{h\nu^s}{kT} \right) - 1 \right]^{-1} d\nu^s,$$

which is equivalent to Planck's formula.

[1] S. N. Bose, Z. Phys. **26**, 178 (1924).
[2] E. C. G. Sudarshan, Am. J. Phys. **43**, 69 (1975).
[3] See, for example, W. A. Blanpied, Am. J. Phys. **40**, 1212 (1972).

# On Quantizing an Ideal Monatomic Gas

E. Fermi

(Received 1926)

In classical thermodynamics the molecular heat (an constant volume) is

$$c = (^3/_2)k. \tag{1}$$

If, however, we are to apply Nernst's heat theorem to a gas we must consider (1) merely as an approximation for high temperatures since $c$ must vanish in the limit as $T = 0$. We are therefore forced to assume that the motion of a molecule in an ideal gas is quantized; this quantization manifests itself for low temperatures by certain degeneracy phenomena so that the specific heat and the equation of state depart from their classical counterparts.

The aim of the present paper is to present a method of quantization of an ideal gas which, according to our opinion, is as independent of arbitrary assumptions about the statistical of the gas molecules as is possible.

In recent times, numerous attempts have been made to determine the equation of state of a perfect gas. The equations of state of the various authors and ours differ from each other and from the classical equation of state

$$PV = NkT$$

by the terms, which become appreciable only at very low temperatures and high pressures; unfortunately, real gases depart most strongly from ideal gases under these conditions so that the significant degeneracy phenomena have not been observable up until now. In any case, it may well be that a deeper knowledge of the equation of state may enable us to separate the degeneracy from the remaining deviations from the equation $PV = NkT$ so that it may be possible to decide experimentally which of the degeneracy theories is correct.

세상에서 가장 쉬운 과학 수업 반도체 혁명

To apply the quantum rules to the motions of the molecules, we can proceed in various ways; the result, however, is always the same. For example, we may picture the molecules as being enclosed in a parallelopiped container with elastically reflecting walls; then the motion of the molecules flying back and forth between the walls is conditionally periodic and can therefore be quantized; more generally, we may picture the molecules as moving in an external force field, such that their motion is conditionally periodic; the assumption that the gas is ideal permits us to neglect the interactions of the molecules, so that their mechanical motions occur only under the influence of the external field. It is clear, however, that the quantization of the molecular motion made under the assumption of the complete independence of the molecules from one another is not sufficient to account for the expected degeneracy. We can see this best in the example of molecules in a container if we note that as liner dimensions of the container increase, the energy levels of the quantum states of each molecule become denser and denser, so that for vessels of macroscopic dimensions all influences of the discontinuity of the energy values practically disappear. This influence, moreover, depends on the volume of the container, even if the number of molecules in it are so chosen that the density remains constant.

By analyzing this state of affairs quantitatively, we can convince ourselves that we only then obtain a degeneracy of the expected magnitude when we choose the vessel so small that it contains, on the average, just one molecule.

We therefore surmise that the quantization of ideal gases requires an addition to the Sommerfeld quantum condition.

Now recently Pauli, following upon an investigation by E.C. Stoner, proposed the rule that if an electron inside an atom has quantum numbers (including the magnetic quantum number) with definite values, then no other electron can exist in the atom in an orbit which is characterized by the same quantum numbers. In other words, a quantum state (in an external magnetic field) is already completely filled by a single electron.

Since this Pauli rule has proved extremely fruitful in the interpretation of spectroscopic phenomena, we want to see whether it may not also be useful in the problem of the quantization of ideal gases.

We shall show that this is, indeed, the case, and that the application of Pauli's rule allows us to present a completely consistent theory of the degeneracy of an ideal gas.

We therefore assume in the following that, at most, one molecule with given quantum numbers can exist in our gas: as quantum numbers we must take into account not only those that determine the internal motions of the molecule but also the numbers that determine its translational motion.

We must first place our molecules in a suitable external force field so that their motion is conditionally periodic. This can be done in an infinitude of ways; since, however, the result does not depend on the choice of the force field, we shall impose on the molecules a central elastic force directed toward a fixed point $O$ (the coordinate origin) so that each molecule becomes a harmonic oscillator. This central force will keep our gas mass in the neighborhood of $O$; the gas density will decrease with increasing distance from $O$ and vanish at infinity. If

$\nu$ is proper frequency of the oscillators, then the force exerted on the molecules is

$$4\pi^2\nu^2 mr$$

where $m$ is the mass of the molecule and $r$ its distance from $O$. The potential energy of the attractive force is then

$$u = 2\pi^2\nu^2 mr^2$$

Let $s_1, s_2, s_3$ be the quantum numbers of a molecule oscillator. These quantum numbers are essentially not sufficient to characterize the molecule, for we must add to these the quantum numbers of the internal motions. We limit ourselves, however, to monatomic molecules and assume, in addition, that all the molecules in our gas are in the ground state and that this state is single (does not split in a magnetic field). We need not worry about the internal motion then, and we may then consider our molecules simply as mass points. The Pauli rule, therefore, states in our case that in the entire mass of gas at most only one molecule can have the given quantum numbers $s_1, s_2, s_3$.

The total energy of this molecule is given by

$$w = h\nu \ (s_1 + s_2 + s_3) = h\nu s. \tag{2}$$

The total energy can thus be an arbitrary integral multiple of $h\nu$; the value $sh\nu$, however, can be realized in many ways. Each realization implies a solution of the equation

$$s = s_1 + s_2 + s_3 \tag{3}$$

where $s_1, s_2, s_3$ can assume the values 1,2,3 . . . We know that (3) has

$$Q_s = \frac{(s+1)(s+2)}{2} \tag{4}$$

solutions. The energy 0 can thus be realized in one way, the energy $h\nu$ in three ways, the energy $2h\nu$ in six ways, and so on. We shall simply call a molecule with energy $sh\nu$ an $((s))$ – molecule.

According to our assumption, there can be in our entire gas mass only $Q_s((s))$ – molecules; thus, at most, one molecule with energy zero, at most, three with energy $h\nu$ at most, six with energy $2h\nu$, and so on.

To see early the results of this state of affairs, we consider the extreme case in which the absolute temperature of our gas is zero. Let $N$ be the number of molecules. At absolute zero our gas must be in its lowest energy state. If there were no restrictions on the number of molecules of a given energy, then every molecule would be in a state of zero energy ($s_1 = s_2 = s_3 = 0$). According to the foregoing, however, at most, only one molecule can have zero energy; hence, if $N$ were 1, then this single molecule would have energy zero; if $N$ were 4, one molecule would have energy zero and the three other would occupy the three available places with energy $h\nu$; if $N$ were 10 one molecule would be in the zero energy position, three others in the three places with energy $h\nu$, and the six remaining ones in the six places with energy $2h\nu$ and so on.

세상에서 가장 쉬운 과학 수업 반도체 혁명

At the absolute zero point, our gas molecules arrange themselves in a kind of shell–like structure which has a certain analogy to the shall–like arrangement of electrons in an atom with many electrons.

We now want to investigate how a certain amount of energy

$$W = Eh\nu \tag{5}$$

($E$ = integer) is distributed among our molecules.

Let $N_s$ be the number of molecules in a state with energy $sh\nu$. According to our assumption

$$N_s \leq Q_s \tag{6}$$

We have, further, the equations

$$\sum N_s = N \tag{7}$$

$$\sum sN_s = E \tag{8}$$

which state that the total number and total energy of the molecules are $N$ and $Eh\nu$, respectively.

We now want to calculate the number $P$ of arrangements of our $N$ molecules for which $N_0$ are at places with energy $0, N_1$ at places with energy $h\nu, N_2$ at places with energy $2h\nu$, etc. Two such arrangements are to be considered identical if the places occupied by the molecules are the same; thus two arrangements which differ only in a permutation among the molecules in their places are to be considered as one. If we considered two such arrangements as different, we would have to multiply $P$ by the constant $N$ !; we can easily see, however, that this can have no influence on what follows. In the above–defined sense, the number of arrangements of $N_s$ molecules among the $Q_s$ places of energy, $sh\nu$ is given by

$$\binom{Q_s}{N_s}.$$

We therefore find for $P$ the expression

$$P = \binom{Q_s}{N_0}\binom{Q_1}{N_1}\binom{Q_2}{N_2}\cdots = \Pi\binom{Q_s}{N_s}. \tag{9}$$

We obtain the most probable values of the $N_s$ by seeking the maximum of $P$ under the constraints (7) and (8). By applying Stirling's theorem we may write sufficient approximation for our case

$$\log P = \sum \log \binom{Q_s}{N_s} = -\sum \left( N_s \log \frac{N_s}{Q_s - N_s} + Q_s \log \frac{Q_s - N_s}{Q_s} \right) \tag{10}$$

We thus seek the values of $N_s$ that satisfy (7) and (8) and for which $\log P$ becomes a maximum. We find

$$\alpha e^{-\beta s} = \frac{N_s}{Q_s - N_s}$$

where $\alpha$ and $\beta$ are constants. This equation gives us

$$N_s = Q_s \cdot \frac{\alpha e^{-\beta s}}{1 + \alpha e^{-\beta s}} \tag{11}$$

The values of $\alpha$ and $\beta$ can be found from equation (7) and (8) or, conversely, we may consider $\alpha$ and $\beta$ as given; then (7) and (8) determine the total number and total energy of our configuration. We find, namely,

$$N = \sum_0^\infty Q_s \, \frac{\alpha e^{-\beta s}}{1 + \alpha e^{-\beta s}} \tag{12}$$

$$\frac{W}{h\nu} = E = \sum_0^\infty s \cdot Q_s \, \frac{\alpha e^{-\beta s}}{1 + \alpha e^{-\beta s}}$$

The absolute temperature $T$ of the gas is a function of $N$ and $E$ or also of $\alpha$ and $\beta$. This function can be determined by two methods, which, however, lead to the same result. We could, for example, according to the Boltzmann entropy principle set

$$S = k \log P$$

and then calculate the temperature from the formula

$$T = \frac{dW}{dS}$$

This method, however, has the disadvantage common to all methods based on the Boltzmann principle, that for its application we must make a more or less arbitrary assumption about the probability of a state. Therefore, we proceed as follows: we note that the density of our gas is a function of the distance which vanishes for infinite distances. For infinitely large $r$, therefore, the degeneracy phenomena also vanish and the statistics of our gas go over to classical statistics. In particular, for $r = \infty$ the mean kinetic energy of a molecule must become $(^2/_3)kT$ and the velocity distribution must go over to the Maxwellian. We can thus obtain the temperature from the distribution of velocities in the region of infinitesimal densities; and since the entire gas is at the same constant temperature, we then at the same time obtain the temperature of the high density region also. For this determination we use, so to speak, a gas thermometer with an infinitely attenuated ideal gas.

To begin with, we calculate the density of molecules with kinetic energy between $L$ and $L + dL$ at the distance $r$. The total energy of these molecules lies, according to (1), between

$$L + 2\pi^2\nu^2 mr^2 \quad \text{and} \quad L + 2\pi^2\nu^2 mr^2 + dL.$$

Now the total energy of a molecule is $sh\nu$. For our molecules s must therefore lie between $s$ and $s + ds$, where

$$s = \frac{L}{h\nu} + \frac{2\pi^2\nu mr^2}{h} \qquad ds = \frac{dL}{h\nu} \tag{13}$$

We now consider a molecule whose motion is characteristic by the quantum numbers $s_1, s_2, s_3$. Its coordinates $x$, $y$, $z$ are given by

$$x = \sqrt{Hs_1}\cos(2\pi\nu t - \alpha_1), \quad y = \sqrt{Hs_2}\cos(2\pi\nu t - \alpha_2) \tag{14}$$

$$z = \sqrt{Hs_3}\cos(2\pi\nu t - \alpha_3)$$

as functions of the time. Here

$$H = \frac{h}{2\pi^2\nu m}; \tag{15}$$

$\alpha_1, \alpha_2, \alpha_3$ are phase constants which may take on all sets of values with equal probability. From this and from equation (14) it follows that

$$\mid x \mid \leq \sqrt{Hs_1}, \mid y \mid \leq \sqrt{Hs_2}, \mid z \mid \leq \sqrt{Hs_3},$$

and that the probability that $x$, $y$, $z$ lie between the limits $x$ and $x + dx$, $y$ and $y + dy$, $z$ and $z + dz$, has the value

$$\frac{dxdydz}{\pi^3\sqrt{(Hs_1 - x^2)(Hs_2 - y^2)(Hs_3 - z_2)}}$$

If we do not know the individual values of $s_1, s_2, s_3$ but only their sum, then our probability is given by

$$\frac{1}{Q_s} \cdot \frac{dxdydz}{\pi^3} \cdot \sum \frac{1}{\sqrt{(Hs_1 - x^2)(Hs_2 - y^2)(Hs_3 - z_2)}} \tag{16}$$

The sum is to be extended over all integer solutions of equation (3) which satisfy the inequalities

$$Hs_1 \geq x^2, \quad Hs_2 \geq y^2, \quad Hs_3 \geq z^2$$

If we multiply the probability (16) with the number $N_s$ of $((s))$ – molecules, we obtain the number of $((s))$ – molecules in the volume element $dxdydz$. Taking account of (11) we thus find that the density of $((s))$ – molecules at the position $x$, $y$, $z$ is given by

$$N_s = \frac{\alpha e^{-\beta_s}}{1 + \alpha e^{-\beta_s}} \cdot \frac{1}{\pi^3} \cdot \sum \frac{1}{\sqrt{(Hs_1 - x^2)(Hs_2 - y^2)(Hs_3 - z^2)}}$$

For sufficiently large s we can replace the sum by a double integral; after carrying out the integration we find

$$N_s = \frac{2}{\pi^2 H^2} \cdot \frac{\alpha e^{-\beta s}}{1 + \alpha e^{-\beta s}} \cdot \sqrt{Hs - r^2}.$$

Using (13) and (15) we now find that the density of molecules with kinetic energy between $L$ and $L + dL$ at the position $x$, $y$, $z$ is given by the following expression

$$N(L)dL = N_s ds = \frac{2\pi(2m)^{3/2}}{h^3} \cdot \sqrt{L}\,dL \cdot \frac{\alpha e^{-\frac{2\pi^2\nu m\beta r^2}{h}} e^{-\frac{\beta L}{h\nu}}}{1 + \alpha e^{\frac{-2\pi^2\nu m\beta r^2}{h}} e^{\frac{-\beta L}{h\nu}}} \tag{17}$$

This formula must be compared with the classical expression for the Maxwellian distribution:

$$N^*(L)dL = K\sqrt{L}\ dLe^{-L/kt} \tag{17'}$$

We see then that in the limit for $\nu = \infty$ (17) goes over into (17') if we just set

$$\beta = \frac{h\nu}{kT} \tag{18}$$

Now (17) can be written as follows:

$$N(L)dL = \frac{(2\pi)(2m)^{3/2}}{h^3} \cdot \sqrt{L}\ dL \cdot \frac{Ae^{-L/kT}}{1 + Ae^{-L/kT}} \tag{19}$$

where

$$A = \alpha e^{-\dfrac{2\pi^2\nu^2 mr^2}{kT}} \tag{20}$$

The total density of molecules at the distance $r$ now becomes

$$N = \int_0^\infty N(L)\ dL = \frac{(2\pi mkT)^{3/2}}{h^3}\ F(A), \tag{21}$$

where we have placed

$$F(A) = \frac{2}{\sqrt{\pi}} \cdot \int_0^\infty \frac{A\sqrt{x}e^{-x}dx}{1 + Ae^{-x}} \tag{22}$$

The mean kinetic energy of the molecules at the distance $r$ is

$$\overline{L} = \frac{1}{N} \int_0^\infty LN(L)dL = (^3/_2) \cdot kT \cdot \frac{G(A)}{F(A)} \tag{23}$$

where

$$G(A) = \frac{4}{3\sqrt{\pi}} \int_0^\infty \frac{Ax^{3/2}e^{-x}dx}{1 + Ae^{-x}}. \tag{24}$$

Through (21) we can determine $A$ as a function of density and temperature; when we put this into (19) and (20) we obtain the velocity distribution and the mean kinetic energy as a function of density and temperature.

To obtain the equation of state we use the virial theorem. According ti this pressure is given by

$$p = \frac{2}{3} \cdot N\overline{L} = NkT \cdot \frac{G(A)}{F(A)}; \tag{25}$$

again $A$ is to be found from (12) as a function of density and temperature.

Before we go further we give some of the mathematical properties of $F(A)$ and $G(A)$.

For $A \leq 1$ we can express both functions by convergent series

$$\begin{cases} F(A) &= A - \dfrac{A^2}{2^{3/2}} + \dfrac{A^3}{3^{3/2}} - \cdots \\ G(A) &= A - \dfrac{A^2}{2^{3/2}} + \dfrac{A^3}{3^{3/2}} - \cdots \end{cases} \tag{26}$$

For large $A$ we have the asymptotic expressions

$$\begin{cases} F(A) &= \dfrac{4}{3\sqrt{\pi}} \ (\log A)^{3/2} \ \left[ 1 + \dfrac{\pi^2}{8(\log A)^2} + \cdots \right], \\ G(A) &= \dfrac{8}{15\sqrt{\pi}} \ (\log A)^{5/2} \ \left[ 1 + \dfrac{5\pi^2}{8(\log A)^2} + \cdots \right]. \end{cases} \tag{27}$$

Further, the relationship

$$\frac{dG(A)}{F(A)} = d \log A \tag{28}$$

holds.

We must still introduce another function $P(\Theta)$ defined by

$$P(\Theta) = \Theta \cdot \frac{G(A)}{F(A)}, \quad F(A) = \frac{1}{\Theta^{3/2}} \tag{29}$$

For very large and very small $\theta$ respectively, $P(\theta)$ can be calculated from the approximations

$$\begin{cases} P(\Theta) &= \Theta \left\{ 1 + \dfrac{1}{2^{5/2}\Theta^{3/2}} + \cdots \right\} \\ P(\Theta) &= \dfrac{3^{3/2}\pi^{1/3}}{5 \cdot 2^{1/3}} \dfrac{3^{2/3}\pi^{1/3}}{5 \cdot 2^{1/3}} \left\{ 1 + \dfrac{5 \cdot 2^{2/3}\pi^{4/3}}{3^{7/3}}\Theta^2 + \cdots \right\} \end{cases} \tag{30}$$

Using (29), (28), (27), we see further that

$$\int_0^\Theta \frac{dP(\Theta)}{\Theta} = {}^5/_3 \cdot \frac{G(A)}{F(A)} - {}^2/_3 \ \log A. \tag{31}$$

We can now eliminate $A$ from the equation of state (25) and (23) and we obtain the pressure and the mean kinetic energy as explicit functions of density and temperature:

$$p = \frac{h^2 N^{5/3}}{2\pi m} \cdot P \cdot \left( \frac{2\pi mkT}{h^2 N^{2/3}} \right) \tag{32}$$

$$\overline{L} = {}^3/_2 \cdot \frac{h^2 N^{2/3}}{2\pi m} \cdot P \cdot \left( \frac{2\pi mkT}{h^2 N^{2/3}} \right) \tag{33}$$

In the limit of weak degeneracy ($T$ large and $N$ small) the equation of state has the following from:

$$p = NkT \left\{ 1 + ({}^1/_{16}) \cdot \frac{h^3 N}{(\pi mkT)^{3/2}} + \cdots \right\}. \tag{34}$$

The pressure is thus large than the classical pressure $P = (NkT)$. For an ideal gas with the atomic weight of helium at $T = 5°$ and a pressure of 10 atm, the difference is about 15%.

In the limit of large degeneracy, (32) and (33) become

$$
\begin{aligned}
p &= \left(^1/_{20}\right) \cdot \left(\frac{6}{\pi}\right)^{2/3} \cdot \frac{h^2 N^{5/3}}{m} + \frac{2^{4/3}}{3^{5/2}} \pi^{8/3} \cdot \frac{mN^{1/3}k^2T^2}{h^2} + \dots \\
\overline{L} &= \left(^3/_{40}\right) \cdot \left(\frac{6}{\pi}\right)^{2/3} \cdot \frac{h^2 N^{2/3}}{m} + \frac{2^{1/3}\pi^{8/3}}{3^{2/3}} \cdot \frac{mk^2T^3}{h^2 N^{2/3}} + \dots
\end{aligned}
\tag{35}
$$

From this we see that the degeneracy leads to a zero point pressure and a zero point energy.

From (35) we can also obtain the specific heat at low temperatures. We find

$$
C_v = \frac{d\overline{L}}{dT} = \frac{2^{4/3}\pi^{8/3}}{3^{2/3}} \frac{mk^2T}{h^2 N^{2/3}} + \dots
\tag{36}
$$

The specific heat vanishes at absolute zero and is proportional to the absolute temperature at low temperatures . . .

# The Transistor,
# A Semi-Conductor Triode

J. BARDEEN AND W. H. BRATTAIN

*Bell Telephone Laboratories, Murray Hill, New Jersey*

June 25, 1948

A THREE–ELEMENT electronic device which utilizes a newly discovered principle involving a semi-conductor as the basic element is described. It may be employed as an amplifier, oscillator, and for other purposes for which vacuum tubes are ordinarily used. The device consists of three electrodes placed on a block of germanium[1] as shown schematically in Fig. 1. Two, called the emitter and collector, are of the point-contact rectifier type and are placed in close proximity (separation $\sim$.005 to .025 cm) on the upper surface. The third is a large area low resistance contact on the base.

The germanium is prepared in the same way as that used for high back-voltage rectifiers.[2] In this form it is an $N$-type or excess semi-conductor with a resistivity of the order of 10 ohm cm. In the original studies, the upper surface was subjected to an additional anodic oxidation in a glycol borate solution[3] after it had been ground and etched in the usual way. The oxide is washed off and plays no direct role. It has since been found that other surface treatments are equally effective. Both tungsten and phosphor bronze points have been used. The collector point may be electrically formed by passing large currents in the reverse direction.

Each point, when connected separately with the base electrode, has characteristics similar to those of the high

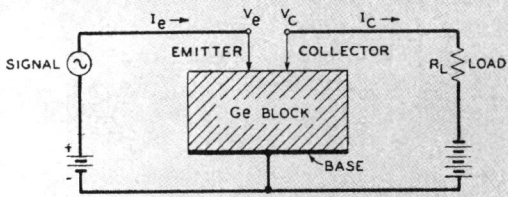

FIG. 1. Schematic of semi-conductor triode.

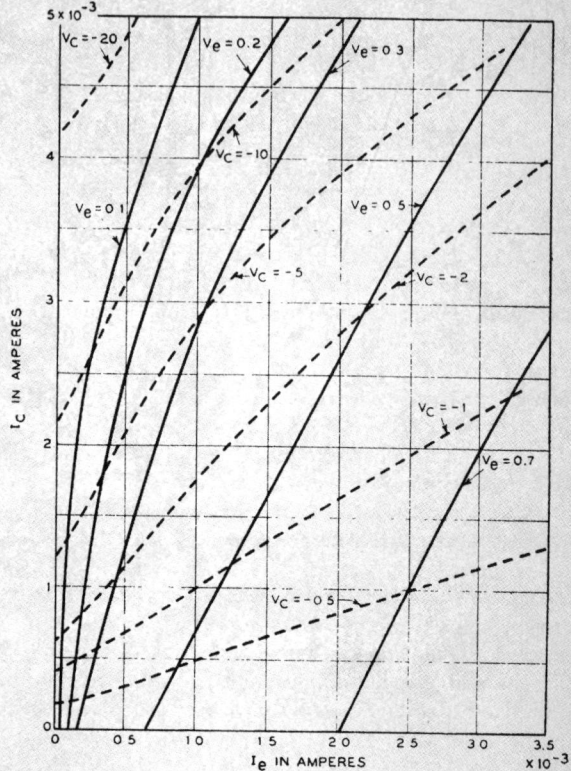

FIG. 2. d.c. characteristics of an experimental semi-conductor triode The currents and voltages are as indicated in Fig. 1.

back-voltage rectifier. Of critical importance for the operation of the device is the nature of the current in the forward direction. We believe, for reasons discussed in detail in the accompanying letter,[4] that there is a thin layer next to the surface of $P$-type (defect) conductivity. As a result, the current in the forward direction with respect to the block is composed in large part of holes, i.e., of carriers of sign opposite to those normally in excess in the body of the block.

When the two point contacts are placed close together on the surface and d.c. bias potentials are applied, there is a mutual influence which makes it possible to use the device to amplify a.c. signals. A circuit by which this may be accomplished in shown in Fig. 1. There is a small forward (positive) bias on the emitter, which causes a current of a few milliamperes to flow into the surface. A reverse (negative) bias is applied to the collector, large enough to make the collector current of the same order or greater than the emitter current. The sign of the collector bias is such as to attract the holes which flow from the emitter so that a large part of the emitter current flows to and enters the collector. While the collector has a high impedance for flow of electrons into the semi-conductor, there is little impediment to the flow of holes into the point. If now the emitter current is varied by a signal voltage, there will be a corresponding variation in collector current. It has been found that the flow of holes from the emitter into the collector may alter the normal current flow from the base to the collector in such a way that the change in collector current is larger than the change in emitter current. Furthermore, the collector, being operated in the reverse direction as a rectifier, has a high impedance ($10^4$ to $10^5$ ohms) and may be matched to a high impedance load. A large ratio of output to input voltage, of the same order as the ratio of the reverse to the forward impedance of the point, is obtained. There is a corresponding power amplification of the input signal.

The d.c. characteristics of a typical experimental unit are shown in Fig. 2. There are four variables, two currents and two voltages, with a functional relation between them. If two are specified the other two are determined. In the plot of Fig. 2 the emitter and collector currents $I_e$ and $I_c$ are taken as the independent variables and the corresponding voltages, $V_e$ and $V_c$, measured relative to the base electrode, as the dependent variables. The conventional directions for the currents are as shown in Fig. 1. In normal operation, $I_e$, $I_c$, and $V_e$ are positive, and $V_c$ is negative.

The emitter current, $I_e$, is simply related to $V_e$ and $I_c$. To a close approximation:

$$I_e = f(V_e + R_F I_c), \tag{1}$$

where $R_F$ is a constant independent of bias. The interpretation is that the collector current lowers the potential of the surface in the vicinity of the emitter by $R_F I_c$, and thus increases the effective bias voltage on the emitter by an equivalent amount. The term $R_F I_c$ represents a positive feedback, which under some operating conditions is sufficient to cause instability.

바딘-브래튼 논문 영문본

The current amplification factor $\alpha$ is defined as

$$\alpha = (\partial I_c/\partial I_e)_{V_c=\text{const}}.$$

This factor depends on the operating biases. For the unit shown in Fig. 2, $\alpha$ lies between one and two if $V_c < -2$.

Using the circuit of Fig. 1, power gains of over 20 db have been obtained. Units have been operated as amplifiers at frequencies up to 10 megacycles.

We wish to acknowledge our debt to W. Shockley for initiating and directing the research program that led to the discovery on which this development is based. We are also indebted to many other of our colleagues at these Laboratories for material assistance and valuable suggestions.

[1] While the effect has been found with both silicon and germanium, we describe only the use of the latter.

[2] The germanium was furnished by J. H. Scaff and H. C. Theuerer. For methods of preparation and information on the rectifier, see H. C. Torrey and C. A. Whitmer, *Crystal Rectifiers* (McGraw-Hill Book Company, Inc., New York, New York, 1948), Chap. 12.

[3] This surface treatment is due to R. B. Gibney, formerly of Bell Telephone Laboratories, now at Los Alamos Scientific Laboratory.

[4] W. H. Brattain and J. Bardeen, Phys. Rev., this issue.

---

# Nature of the Forward Current in Germanium Point Contacts

W. H. BRATTAIN AND J. BARDEEN
*Bell Telephone Laboratories, Murray Hill, New Jersey*
June 25, 1948

THE forward current in germanium high back-voltage rectifiers[1] is much larger than that estimated from the formula for the spreading resistance, $R_s$, in a medium of uniform resistivity, $\rho$. For a contact of diameter $d$,

$$R_s = \rho/2d.$$

Taking as typical values $\rho = 10$ ohm cm and $d = .0025$ cm, the formula gives $R_s = 2000$ ohms. Actually the forward current at one volt may be as large as 5 to 10 ma, and the differential resistance is not more than a few hundred ohms. Bray[2] has attempted to account for this discrepancy by assuming that the resistivity decreases with increasing field, and has made tests to observe such an effect.

In connection with the development of the semi-conductor triode discussed in the preceding letter,[3] the nature of the excess conductivity has been investigated by means of

세상에서 가장 쉬운 과학 수업 반도체 혁명

probe measurements of the potential in the vicinity of the point.[4] Measurements were made on the plane surface of a thick block. Various surface treatments, such as anodizing, oxidizing, and sand blasting were used in different tests, in addition to the etch customarily employed in the preparation of rectifiers.

The potential, $V(r)$, at a distance $r$ from a point carrying a current, $I$, is measured relative to a large area low resistance contact at the base. In Fig. 1 we have plotted some typical data for a surface prepared by grinding and etching, and then oxidizing in air at 500°C for one hour. The ordinate is $2\pi r V(r)/I$ which for a body of uniform resistivity, $\rho$, should be a constant equal in magnitude to $\rho$. Actually it is found that the ratio is much less than $\rho$ at small distances from the point, and increases with $r$, approaching the value $\rho$ asymptotically at large distances. The departure from the constant value indicates an excess conductivity in the neighborhood of the point.

The manner in which the excess conductivity varies with current indicates that two components are involved. One is ohmic and is represented by the upper curve of Fig. 1 which applies for reverse (negative) currents and for small forward currents. This component is attributed to a thin conducting layer on the surface which is believed to be $P$-type (i.e., of opposite type to that of the block). A layer with a surface conductivity of .002 mhos is sufficient to account for the departure of the upper curve from a constant value. The second component of the excess conductivity increases with increasing forward current, and

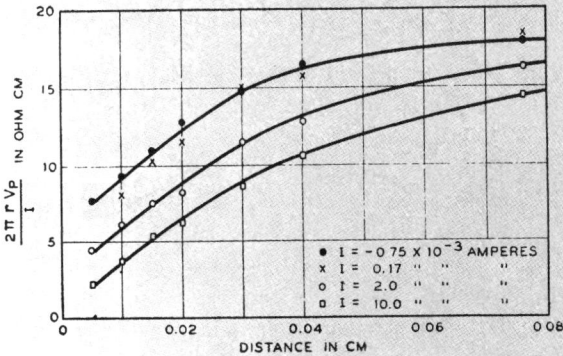

FIG. 1. Measurements of potential, $V_p$, at a distance $r$ from a point contact through which a current $I$ is flowing into a germanium surface.

# Semiconductor research leading to the point contact transistor

*Nobel Lecture, December 11, 1956*

## Introduction

In this lecture we shall attempt to describe the ideas and experiments which led to the discovery of the transistor effect as embodied in the point-contact transistor. Some of the important research done subsequent to the discovery will be described in the following lectures by Shockley and Brattain. As we shall see, the discovery was but a step along the road of semiconductor research to which a great many people in different countries have contributed. It was dependent both on the sound theoretical foundation largely built up during the thirties and on improvement and purification of materials, particularly of germanium and silicon, in the forties. About half of the lecture will be devoted to an outline of concepts concerning electrical conduction in semiconductors and rectification at metal-semiconductor contacts as they were known at the start of our research program.

The discovery of the transistor effect occurred in the course of a fundamental research program on semiconductors initiated at the Bell Telephone Laboratories in early 1946. Semiconductors was one of several areas selected under a broad program of solid-state research, of which S. O. Morgan and W. Shockley were co-heads. In the initial semiconductor group, under the general direction of Shockley, were W. H. Brattain, concerned mainly with surface properties and rectification, G. L. Pearson, concerned with bulk properties, and the writer, interested in theoretical aspects of both. Later a physical chemist, R. B. Gibney, and a circuit expert, H. R. Moore, joined the group and made important contributions, particularly to chemical and instrumentation problems, respectively.

It is interesting to note that although Brattain and Pearson had had considerable experience in the field prior to the war, none of us had worked on semiconductors during the war years. We were able to take advantage of the important advances made in that period in connection with the development of silicon and germanium detectors and at the same time have a

세상에서 가장 쉬운 과학 수업 반도체 혁명

fresh look at the problems. Considerable help was obtained from other groups in the Laboratories which were concerned more directly with wartime developments. Particular mention should be made of J. H. Scaff, H. C. Theuerer and R. S. Ohl.

The general aim of the program was to obtain as complete an understanding as possible of semiconductor phenomena, not in empirical terms, but on the basis of atomic theory. A sound theoretical foundation was available from work done during the thirties:

(1) Wilson's quantum mechanical theory[1], based on the energy band model, and describing conduction in terms of excess electrons and holes. It is fundamental to all subsequent developments. The theory shows how the concentration of carriers depends on the temperature and on impurities.

(2) Frenkel's theories of certain photoconductive phenomena[2] (change of contact potential with illumination and the photomagneto electric effect) in which general equations were introduced which describe current flow when non-equilibrium concentrations of both holes and conduction electrons are present. He recognized that flow may occur by diffusion in a concentration gradient as well as by an electric field.

(3) Independent and parallel developments of theories of contact rectification by Mott[3], Schottky[4] and Davydov[5]. The most complete mathematical theories were worked out by Schottky and his co-worker, Spenke.

Of great importance for our research program was the development during and since the war of methods of purification and control of the electrical properties of germanium and silicon. These materials were chosen for most of our work because they are well-suited to fundamental investigations with the desired close coordination of theory and experiment. Depending on the nature of the chemical impurities present, they can be made to conduct by either excess electrons or holes.

Largely because of commercial importance in rectifiers, most experimental work in the thirties was done on copper oxide ($Cu_2O$) and selenium. Both have complex structures and conductivities which are difficult to control. While the theories provided a good qualitative understanding of many semiconductor phenomena, they had not been subjected to really convincing quantitative checks. In some cases, particularly in rectification, discrepancies between experiment and theory were quite large. It was not certain whether the difficulties were caused by something missing in the theories or by the fact that the materials used to check the theories were far from ideal.

In the U.S.A., research on germanium and silicon was carried out during the war by a number of university, government and industrial laboratories in connection with the development of point-contact or « cat's whisker » detectors for radar. Particular mention should be made of the study of germanium by a group at Purdue University working under the direction of K. Lark-Horovitz and of silicon by a group at the Bell Telephone Laboratories. The latter study was initiated by R. S. Ohl before the war and carried out subsequently by him and by a group under J. H. Scaff. By 1946 it was possible to produce relatively pure polycrystalline materials and to control the electrical properties by introducing appropriate amounts of donor and acceptor impurities. Some of the earliest work (1915) on the electrical properties of germanium and silicon was done in Sweden by Prof. C. Benedicks.

Aside from intrinsic scientific interest, an important reason for choosing semiconductors as a promising field in which to work, was the many and increasing applications in electronic devices, which, in 1945, included diodes, varistors and thermistors. There had long been the hope of making a triode, or an amplifying device with a semiconductor. Two possibilities had been suggested. One followed from the analogy between a metal semiconductor rectifying contact and a vacuum-tube diode. If one could somehow insert a grid in the space-charge layer at the contact, one should be able to control the flow of electrons across the contact. A major practical difficulty is that the width of the space-charge layer is typically only about $10^{-4}$ cm. That the principle is a sound one was demonstrated by Hilsch and Pohl[6], who built a triode in an alkali-halide crystal in which the width of the space-charge layer was of the order of one centimeter. Because amplification was limited to frequencies of less than one cycle per second, it was not practical for electronic applications.

The second suggestion was to control the conductance of a thin film or slab of semiconductor by application of a transverse electric field (called the *field effect*). In a simple form, the slab forms one plate of a parallel plate condenser, the control electrode being the other plate. When a voltage is applied across the condenser, charges are induced in the slab. If the induced charges are mobile carriers, the conductance should change with changes of voltage on the control electrode. This form was suggested by Shockley; his calculations indicated that, with suitable geometry and materials, the effect should be large enough to produce amplification of an a.c. signal[7].

Point-contact and junction transistors operate on a different principle than either of these two suggestions, one not anticipated at the start of the program. The transistor principle, in which both electrons and holes play a role,

　　　　　　세상에서 가장 쉬운 과학 수업 반도체 혁명

was discovered in the course of a basic research program on surface properties.

Shockley's field-effect proposal, although initially unsuccessful, had an important bearing on directing the research program toward a study of surface phenomena and surface states. Several tests which Shockley carried out at various times with J. R. Haynes, H. J. McSkimin, W. A. Yager and R. S. Ohl, using evaporated films of germanium and silicon, all gave negative results. In analyzing the reasons for this failure, it was suggested[8] that there were states for electrons localized at the surface, and that a large fraction of the induced charge was immobilized in these states. Surface states also accounted for a number of hitherto puzzling features of germanium and silicon point-contact diodes.

In addition to the possibility of practical applications, research on surface properties appeared quite promising from the viewpoint of fundamental science. Although surface states had been predicted as a theoretical possibility, little was known about them from experiment. The decision was made, therefore, to stress research in this area. The study of surfaces initiated at that time (1946) has been continued at the Bell Laboratories and is now being carried out by many other groups as well[9].

It is interesting to note that the field effect, originally suggested for possible value for a device, has been an extremely fruitful tool for the fundamental investigation of surface states. Further, with improvements in semiconductor technology, it is now possible to make electronic amplifiers with high gain which operate on the field-effect principle.

Before discussing the research program, we shall give first some general background material on conduction in semiconductors and metal-semiconductor rectifying contacts.

*Nature of conduction in semiconductors*

An electronic semiconductor is typically a valence crystal whose conductivity depends markedly on temperature and on the presence of minute amounts of foreign impurities. The ideal crystal at the absolute zero is an insulator. When the valence bonds are completely occupied and there are no extra electrons in the crystal, there is no possibility for current to flow. Charges can be transferred only when imperfections are present in the electronic structure, and these can be of two types: *excess electrons* which do not fit into the valence bonds and can move through the crystal, and *holes*, places from which electrons are missing in the bonds, which also behave as mobile carriers. While the excess electrons have the normal negative electronic charge $-e$, holes have a positive charge, $+e$. It is a case of two negatives making a positive ; a missing negative charge is a positive defect in the electron structure.

The bulk of a semiconductor is electrically neutral; there are as many positive charges as negative. In an intrinsic semiconductor, in which current carriers are created by thermal excitation, there are approximately equal numbers of excess electrons and holes. Conductivity in an *extrinsic* semiconductor results from impurity ions in the lattice. In n-type material, the negative charge of the excess electrons is balanced by a net positive space charge of impurity ions. In p-type, the *positive* charge of the holes is balanced by negatively charged impurities. Foreign atoms which can become positively charged on introduction to the lattice are called *donors*; atoms which become negatively ionized are called *acceptors*. Thus donors make a semiconductor n-type, acceptors p-type. When both donors and acceptors are present, the conductivity type depends on which is in excess. Mobile carriers then balance the *net* space charge of the impurity ions. Terminology used is listed in the table below:

**Table I.**

| Designation of conductivity type | | Majority carrier | Dominant impurity ion |
|---|---|---|---|
| n-type | excess | electron ($n/cm^3$) | donor |
| p-type | defect | hole ($p/cm^3$) | acceptor |

These ideas can be illustrated quite simply for silicon and germanium, which, like carbon, have a valence of four and lie below carbon in the Periodic Table. Both crystallize in the diamond structure in which each atom is surrounded tetrahedrally by four others with which it forms bonds. Carbon in the form of a diamond is normally an insulator; the bond structure is complete and there are no excess electrons. If ultraviolet light falls on diamond, electrons can be ejected from the bond positions by the photoelectric effect. Excess electrons and holes so formed can conduct electricity; the crystal becomes photoconductive.

The energy required to free an electron from a bond position so that it and the hole left behind can move the crystal, is much less in silicon and germanium than for diamond. Appreciable numbers are released by thermal excitations at high temperatures; this gives intrinsic conductivity.

Impurity atoms in germanium and silicon with more than four valence electrons are usually donors, those with less than four acceptors. For example, Group V elements are donors, Group III elements acceptors. When an arsenic atom, a Group V element, substitutes for germanium in the crystal, only four of its valence electrons are required to form the bonds. The fifth is only weakly held by the forces of Coulomb attraction, greatly reduced by the high dielectric constant of the crystal. The energy required to free the extra electron is so small that the arsenic atoms are completely ionized at room temperature. Gallium, a typical Group III acceptor, has only three valence electrons. In order to fill the four bonds, Ga picks up another electron and enters the crystal in the form of a negative ion, Ga⁻. The charge is balanced by a free hole.

While some of the general notions of excess and defect conductivity, donors and acceptors, go back earlier, Wilson[1] was the first to formalize an adequate mathematical theory in terms of the band picture of solids. The band picture itself, first applied to metals, is a consequence of an application of quantum mechanics to the motion of electrons in the periodic potential field of a crystal lattice. Energy levels of electrons in atoms are discrete. When the atoms are combined to form a crystal, the allowed levels form continuous bands. When a band is completely occupied, the net current of all of the electrons in the band is zero. Metals have incompletely filled bands. In insulators and semiconductors, there is an energy gap between the highest filled band and the next higher allowed band of levels, normally unoccupied.

The relations are most simply illustrated in terms of an energy-level diagram of the crystal. In Fig. 1 is shown a schematic energy-level diagram of an intrinsic semiconductor. Electrons taking part in the chemical bonds form a continuous band of levels called the valence band. Above these is an energy gap in which there are no allowed levels in the ideal crystal, and then another continuous band of levels called the conduction band. The energy gap, $E_G$, is the energy required to free an electron from the valence bonds. Excess, or conduction, electrons have energies in the lower part of the conduction band. The very lowest state in this band, $E_C$, corresponds to an electron at rest, the higher states to electrons moving through the crystal with

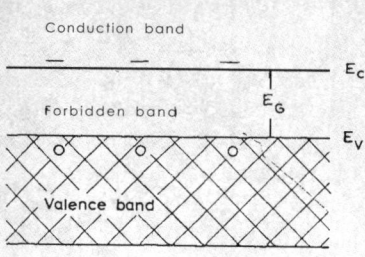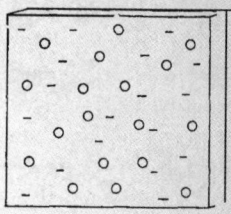

Fig. 1. Energy-level diagram of an intrinsic semiconductor. There is a random distribution of electrons and holes in equal numbers.

additional energy of motion. Holes correspond to states near the top of the valence band, $E_V$, from which electrons are missing. In an intrinsic semiconductor, electrons and holes are created in equal numbers by thermal excitation of electrons from the valence to the conduction band, and they are distributed at random through the crystal.

In an n-type semiconductor, as illustrated in Fig. 2a, there is a large number of electrons in the conduction band and very few holes in the valence band. Energy levels corresponding to electrons localized around Group V donor impurity atoms are typically in the forbidden gap and a little below the conduction band. This means that only a small energy is required to ionize the donor and place the electron removed in the conduction band. The charge of the electrons in the conduction band is compensated by the positive space charge of the donor ions. Levels of Group III acceptors (Fig. 2b) are a little above the valence band. When occupied by thermal excitation of electrons from the valence band, they become negatively charged. The space charge of the holes so created is compensated by that of the negative acceptor ions.

Occupancy of the levels is given by the position of the Fermi level, $E_F$. The probability, $f$, that a level of energy $E$ is occupied by an electron is given by the Fermi-Dirac function:

$$f = \frac{1}{1 + \exp{(E - E_F)}/kT}$$

The energy gap in a semiconductor is usually large compared with thermal energy, $kT$ (~ *0.025* eV at room temperature), so that for levels well above $E_F$ one can use the approximation

$$f \simeq \exp\left[-(E - E_F)/kT\right]$$

For levels below $E_F$, it is often more convenient to give the probability

$$f_p = 1 - f = \frac{1}{1 + \exp\left[(E_F - E)/kT\right]}$$

that the level is unoccupied, or « occupied by a hole ». Again, for levels well below $E_F$,

$$f_p \simeq \exp\left[-(E_F - E)/kT\right]$$

The expressions for the total electron and hole concentrations (number per unit volume), designated by the symbols $n$ and $p$ respectively, are of the form

$$n = N_C \exp\left[-(E_C - E_F)/kT\right]$$
$$p = N_V \exp\left[-(E_F - E_V)/kT\right]$$

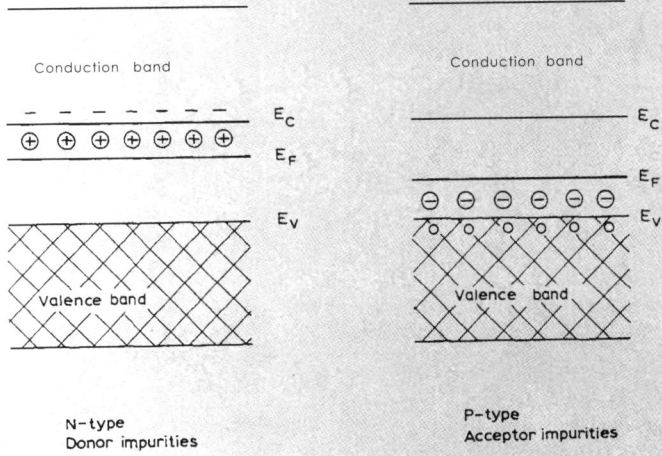

Fig. 2. Energy-level diagrams for n- and p-type semiconductors.

where $N_c$ and $N_v$ vary slowly with temperature compared with the exponential factors. Note that the product $np$ is independent of the position of the Fermi level and depends only on the temperature:

$$np = n_i^2 = N_C N_v \exp\left[-(E_C - E_V)/kT\right] = N_C N_V \exp\left[-E_G/kT\right]$$

Here $n$ is the concentration in an intrinsic semiconductor for which $n = p$.

In an n-type semiconductor, the Fermi level is above the middle of the gap, so that $n \gg p$. The value of $n$ is fixed by the concentration of donor ions, $N_d^+$, so that there is electrical neutrality:

$$n - p = N_d^+$$

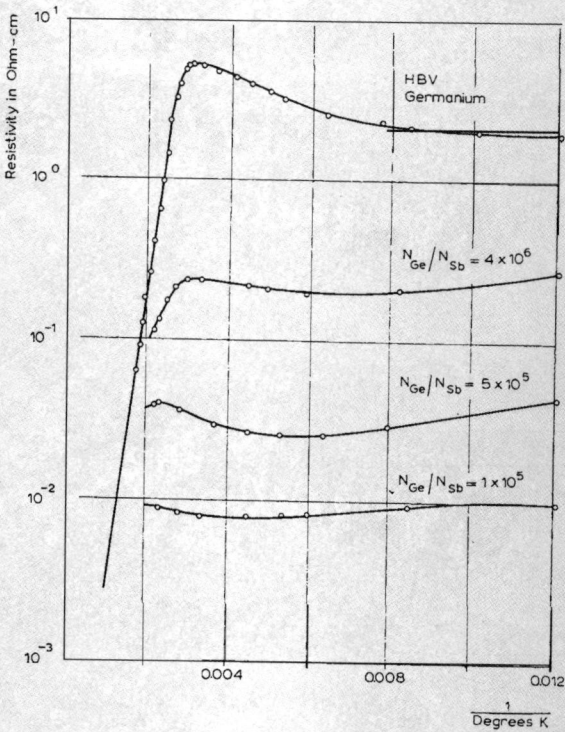

Fig. 3. Conductivity *vs.* $1/T$ for germanium with antimony added as a donor impurity.

세상에서 가장 쉬운 과학 수업 반도체 혁명

The minority carrier concentration, $p$, increases rapidly with temperature and eventually a temperature will be reached above which $n$ and $p$ are both large compared with $Nd+$ and the conduction is essentially intrinsic. Correspondingly in a p-type semiconductor, in which there are acceptor ions, $p \gg n$, and the Fermi level is below the center of the gap.

The Fermi level is equivalent to the chemical potential of the electrons. If two conductors are electrically connected together so that electrons can be transferred, the relative electrostatic potentials will be adjusted so that the Fermi levels of the two are the same. If the n- and p-type materials of Fig. 2 are connected, a small number of electrons will be transferred from the n-type to the p-type. This will charge the p-type negatively with respect to the n-type and raise the electrostatic potential energy of the electrons accordingly. Electron transfer will take place until the energy levels of the p-type material are raised relative to those of the n-type by the amount required to make the Fermi levels coincide.

The amount of impurity required to make significant changes in the conductivity of germanium or silicon is very small. There is given in Fig. 3 a plot, on a log scale, of the resistivity $vs.\ 1/T$ for specimens of germanium with varying amounts of antimony, a donor impurity. This plot is based on some measurements made by Pearson several years ago[11]. The purest specimens available at that time had a room temperature resistivity of about 10-20 ohm cm, corresponding to about one donor atom in $10^8$ germanium atoms. This material (H.B.V.) is of the sort which was used to make germanium diodes which withstand a high voltage in the reverse direction (High Back Voltage) and also used in the first transistors. The purest material available now corresponds to about one donor or acceptor in $10^{10}$. The resistivity drops, as illustrated, with increasing antimony concentration; as little as one part in $10^7$ makes a big difference. All specimens approach the intrinsic line corresponding to pure germanium at high temperatures.

Conduction electrons and holes are highly mobile, and may move through the crystal for distances of hundreds or thousands of the interatomic distance, before being scattered by thermal motion or by impurities or other imperfections. This is to be understood in terms of the wave property of the electron; a wave can travel through a perfect periodic structure without attenuation. In treating acceleration in electric or magnetic fields, the wave aspect can often be disregarded, and electrons and holes thought of as classical particles with an effective mass of the same order, but differing from the ordinary electron mass. The effective mass is often anisotropic, and different for different directions of motion in the crystal. This same effective mass picture can be used to estimate the thermal motion of the gas of electrons and holes. Average thermal velocities at room temperature are of the order of $10^7$ cm/sec.

Scattering can be described in terms of a mean free path for the electrons and holes. In relatively pure crystals at ordinary temperatures, scattering occurs mainly by interaction with the thermal vibrations of the atoms of the crystal. In less pure crystals, or in relatively pure crystals at low temperatures, the mean free path may be determined by scattering by impurity atoms. Because of the scattering, the carriers are not uniformly accelerated by an electric field, but attain an average drift velocity proportional to the field. Ordinarily the drift velocity is much smaller than the average thermal velocity. Drift velocities may be expressed in terms of the mobilities, $\mu_n$ and $\mu_p$ of the electrons and holes respectively*.

In an electric field $E$,

$$(V_d)_n = -\mu_n E$$
$$(V_d)_p = \mu_p E$$

Because of their negative charge, conduction electrons drift oppositely to the field. Values for pure germanium at room temperature are $\mu_n = 3{,}800$ cm$^2$/volt sec; $\mu_p = 1{,}800$ cm$^2$/volt sec. This means that holes attain a drift velocity of 1,800 cm/sec in a field of one volt/cm.

Expressions for the conductivity are:

$$n\text{-type}: \quad \sigma_n = ne\mu_n$$
$$p\text{-type}: \quad \sigma_p = pe\mu_p$$
$$\text{intrinsic}: \quad \sigma = ne\mu_n + pe\mu_p$$

It is not possible to determine $n$ and $\mu_n$ separately from measurements of the conductivity alone. There are several methods to determine the mobility; one which has been widely used is to measure the Hall coefficient in addition to the conductivity. As part of the research program at the Bell Laboratories, Pearson and Hall made resistivity measurements over a wide range of temperatures of silicon containing varying amounts of boron (a Group III ac-

---

* A subscript $n$ (referring to negative charge) is used for conduction electrons, $p$ *(positive)* for holes.

세상에서 가장 쉬운 과학 수업 반도체 혁명

ceptor) and of phosphorus (a Group V donor). Analysis of the data[10] gave additional confirmation of the theory we have outlined. Similar measurements on germanium were made about the same time by Lark-Horovitz and co-workers, and more recently more complete measurements on both materials have been made by other groups. The result of a large amount of experimental and theoretic work has been to confirm the Wilson model in quantitative   detail.

Carriers move not only under the influence of an electric field, but also by diffusion; the diffusion current is proportional to the concentration gradient. Expressions for the particle current densities of holes and electrons, respectively, are

$$j_p = p\mu_p E - D_p \text{ grad } p$$
$$j_n = n\mu_n E - D_n \text{ grad } n$$

Einstein has shown that mobilities and diffusion coefficients are related:

$$\mu = \frac{e}{kT} D$$

where $k$ is Boltzmann's constant. Diffusion and conduction currents both play an important role in the transistor.

The diffusion term was first considered by Wagner in his theory of oxidation of metals. The equations were worked out more completely by Frenkel[2] in an analysis of the diffusive flow which occurs when light is absorbed near one face of a slab, as shown schematically in Fig. 4. The light quanta raise

**Light**

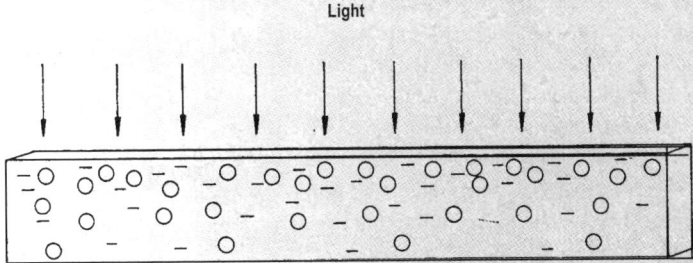

Fig. 4. Schematic diagram of diffusive flow of electrons and holes created near the surface by absorption of light.

electrons from the valence to the conduction bands, creating conduction electrons and holes in equal numbers. These diffuse toward the interior of the slab. Because of recombination of conduction electron and hole pairs, the concentration drops as the diffusion occurs. Frenkel gave the general equations of flow when electrons and holes are present in attempting to account for the Dember effect (change in contact potential with light) and the photomagnetoelectric (PME) effect. The latter is a voltage analogous to a Hall voltage observed between the ends of a slab in a transverse magnetic field (perpendicular to the paper in the diagram). The Dember voltage was presumed to result from a difference of mobility, and thus of diffusion coefficient, between electrons and holes. Electrical neutrality requires that the concentrations and thus the concentration gradients be the same. Further, under steady-state conditions the flow of electrons to the interior must equal the flow of holes, so that there is no net electrical current. However, if $D_n$ is greater than $D_p$, the diffusive flow of electrons would be greater than that of holes. What happens is that an electric field, $E$, is introduced which aids holes and retards the electrons so as to equalize the flows. The integral of $E$ gives a voltage difference between the surface and the interior, and thus a change in contact potential. As we will mention later, much larger changes in contact potential with light may come from surface barrier effects.

## Contact rectifiers

In order to understand how a point-contact transistor operates, it is necessary to know some of the features of a rectifying contact between a metal and semiconductor. Common examples are copper-oxide and selenium rectifiers and germanium and silicon point-contact diodes which pass current much more readily for one direction of applied voltage than the opposite. We shall follow Schottky's picture[4], and use as an illustration a contact to an n-type semiconductor. Similar arguments apply to p-type rectifiers with appropriate changes of sign of the potentials and charges. It is most convenient to make use of an energy-level diagram in which the changes in energy bands resulting from changes in electrostatic potential are plotted along a line perpendicular to the contact, as in Fig. 5. Rectification results from the potential energy barrier at the interface which impedes the flow of electrons across the contact.

The Fermi level of the metal is close to the highest of the normally oc-

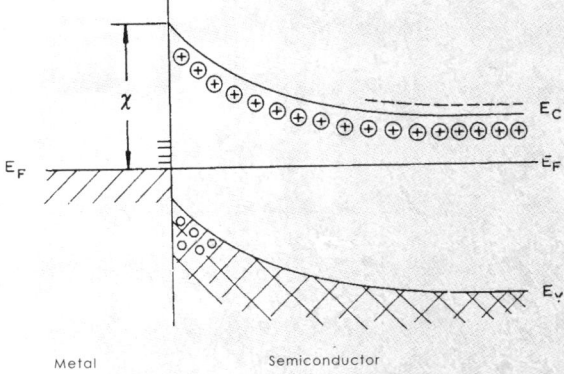

Fig. 5. Equilibrium energy-level diagram for a metal-semiconductor rectifying contact along a line perpendicular to the interface. Variations in the energy bands of the semiconductor result from changes in electrostatic potential due to the layer of uncompensated space-charge. The overall change in potential from the surface to the interior is such as to bring the Fermi level in the interior of the semiconductor into coincidence with that of the metal. In this example, there is an inversion from n-type conductance in the bulk to p-type at the surface.

cupied levels of the conduction band. Because of the nature of the metal-semiconductor interface layers, a relatively large energy, $\chi$, perhaps of the order of 0.5 eV, is required to take an electron from the Fermi level of the metal and place it in the conduction band in the semiconductor. In the interior of the semiconductor, which is electrically neutral, the position of the Fermi level relative to the energy bands is determined by the concentration of conduction electrons, and thus of donors. In equilibrium, with no voltage applied, the Fermi levels of the metal and semiconductor must be the same. This is accomplished by a region of space charge adjacent to the metal in which there is a variation of electrostatic potential, and thus of potential energy of the electron, as illustrated.

In the bulk of the semiconductor there is a balance between conduction electrons and positive donors. In the barrier region which is one of high potential energy for electrons, there are few electrons in the conduction band. The uncompensated space charge of the donors is balanced by a negative charge at the immediate interface. It is these charges, in turn, which produce the potential barrier. The width of the space-charge region is typically of the order of $10^5$ to $10^4$ cm.

When a voltage is applied, most of the drop occurs across the barrier layer. The direction of easy flow is that in which the semiconductor is negative relative to the metal. The bands are raised, the barrier becomes narrower, and electrons can flow more easily from the semiconductor to the metal. In the high resistance direction, the semiconductor is positive, the bands are lowered relative to the metal, and the barrier is broadened. The current of electrons flowing from the metal is limited by the energy barrier, $\chi$, which must be surmounted by thermal excitation.

If $\chi$ is sufficiently large, the Fermi level at the interface may be close to the valence band, implying an inversion from n-type conductivity in the bulk to p-type near the contact. The region of hole conduction is called, following Schottky, an inversion layer. An appreciable part of the current flow to the contact may then consist of minority carriers, in this case holes. An important result of the research program at the Bell Laboratories after the war was to point out the significance of minority carrier flow.

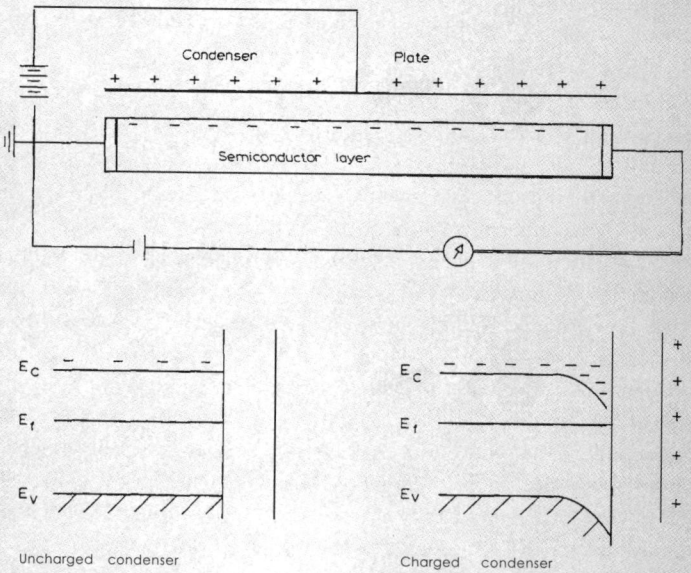

Fig. 6. Schematic diagram of a field-effect experiment for an n-type semiconductor with no surface states.

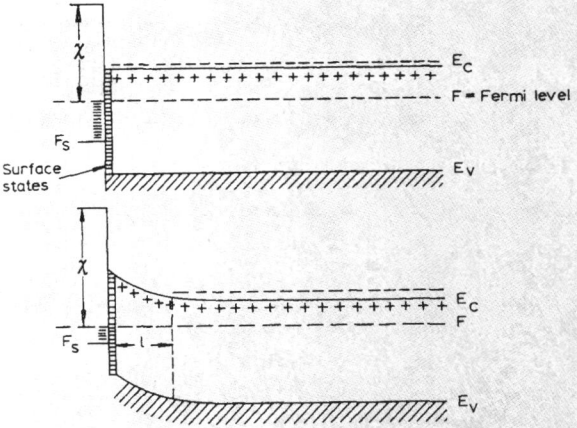

Fig. 7. Formation of a space-charge barrier layer at the free surface of a semiconductor

## Experiments on surface states

We have mentioned in the introduction that the negative result of the field-effect experiment was an important factor in suggesting the existence of surface states on germanium and silicon, and directing the research program toward a study of surface properties. As is shown in Fig. 6, the experiment consists of making a thin film or slab one plate of a parallel plate condenser and then measuring the change in conductance of the slab with changes in voltage applied across the condenser. The hypothetical case illustrated is an n-type semiconductor with no surface states. When the field plate is positive, the negative charge induced on the semiconductor consists of added electrons in the conduction band. The amount of induced charge can be determined from the applied voltage and measured capacity of the system. If the mobility is known, the expected change in conductance can be calculated readily.

When experiments were performed on evaporated films of germanium and silicon, negative results were obtained; in some cases the predicted effect was more than one thousand times the experimental limit of detection. Analysis indicated that a large part of the discrepancy, perhaps a factor of 50 to 100, came from the very low mobility of electrons in the films as compared with bulk material. The remaining was attributed to shielding by surface states.

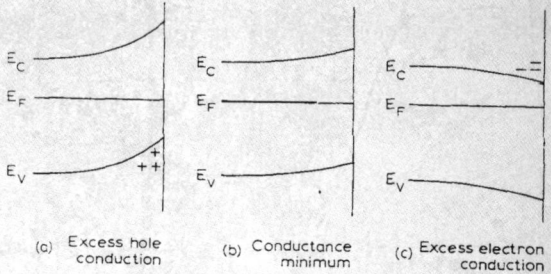

Fig. 8. Types of barrier layers which may exist at the free surface of an n-type semi-conductor: *(a)* excess conductance from an inversion layer of p-type conductivity; *(b)* near the minimum surface conductance; (c) excess conductance from an accumulation layer of electrons.

It was predicted that if surface states exist, a barrier layer of the type found at a metal contact might be found at the free surface of a semiconductor. The formation of such a layer is illustrated schematically in Fig. 7. Occupancy of the surface levels is determined by the position of the Fermi level at the surface. In the illustration, it is presumed that the distribution of surface states is such that the states themselves would be electrically neutral if the Fermi level crossed at the position $Fs$ relative to the bands. If there is no surface barrier, so that the Fermi level crosses the surface above $Fs$, there are excess electrons and a net negative charge in the surface states. When the surface as whole is neutral, a barrier layer is formed such that the positive charge in the layer is compensated by the negative surface states charge. If the density of surface states is reasonably high, sufficient negative charge is obtained with the Fermi level crossing only slightly above $Fs$.

Types of barriers which may exist at the surface of an n-type semiconductor are illustrated in Fig. 8. On the left (a) the energy bands are raised at the surface so as to bring the valence band close to the Fermi level. An inversion layer of opposite conductivity type is formed, and there is excess conductance from mobile holes in the layer. Negative charge on the surface proper is balanced by the charge of holes and of fixed donor ions in the barrier region. In *(b)* the bands are raised at the surface, but not enough to form a barrier layer. The surface resistance is near a maximum. In (c), the bands bend down so as to form an *accumulation* layer of excess electron conductance near the surface. The charge on the surface proper is now positive, and is balanced by the negative charge of the excess electrons in the layer.

세상에서 가장 쉬운 과학 수업 반도체 혁명

The postulated existence of surface states and surface barrier layers on the free surface of germanium and silicon accounted for several properties of germanium and silicon which had hitherto been puzzling[8]. These included (1) lack of dependence of rectifier characteristics on the work function of the metal contact, (2) current voltage characteristics of a contact made with two pieces of germanium, and (3) the fact that there was found little or no contact potential difference between n- and p-type germanium and between n- and p-type silicon.

While available evidence for surface states was fairly convincing, it was all of an indirect nature. Further, none of the effects gave any evidence about the height of the surface barrier and of the distribution of surface states. A number of further experiments which might yield more concrete evidence about the surface barrier was suggested by Shockley, Brattain and myself. Shockley predicted that a difference in contact potential would be found between n- and p-type specimens with large impurity concentration. A systematic study of Brattain and Shockley[12] using silicon specimens with varying amounts of donor and acceptor impurities showed that this was true, and an estimate was obtained for the density of surface states. Another experiment which indicated the presence of a surface barrier was a measurement of the change in contact potential with illumination of the surface. This is just the Dember effect, which Frenkel had attempted to account for by the difference in mobilities of the electrons and holes generated by the light and

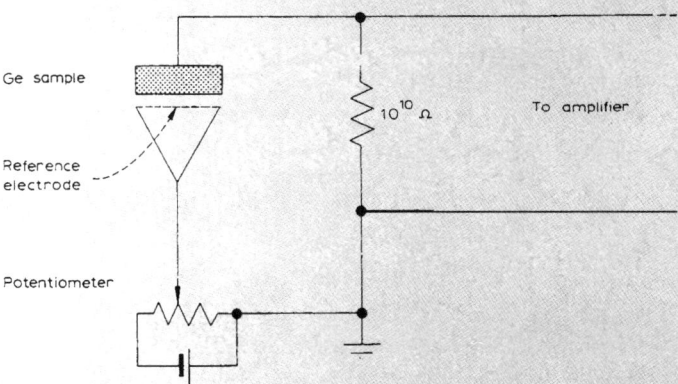

Fig. 9. Schematic diagram of apparatus used by Brattain to measure contact potential and change of contact potential with light.

diffusing to the interior. It was found[13] that the change is usually much larger and often of the opposite sign than predicted by Frenkel's theory, which did not take into account a surface barrier.

Some rather difficult experiments which at the time gave negative results have been carried out successfully much later by improved techniques, as will be described by Dr. Brattain in his talk.

Apparatus used by Brattain to measure contact potential and change in contact potential with illumination is shown in Fig. 9. The reference electrode, generally platinum, is in the form of a screen so that light can pass through it. By vibrating the electrode, the contact potential itself can be measured by the Kelvin method. If light chopped at an appropriate frequency falls on the surface and the electrode is held fixed, the change with illumination can be measured from the alternating voltage developed across the condenser. In the course of the study, Brattain tried several ambient atmospheres and different temperatures. He observed a large effect when a liquid dielectric filled the space between the electrode and semiconductor surface. He and Gibney then introduced electrolytes, and observed effects attributed to large changes in the surface barrier with voltage applied across the electrolyte. Evidently ions piling up at the surface created a very large field which penetrated through the surface states.

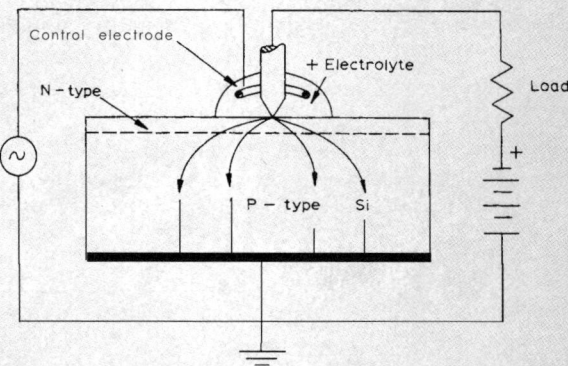

Fig. 10. Diagram of experiment used to observe effect of the field produced by an electrolyte on an inversion layer of n-type conductance at the surface of a p-type silicon block. Negative potential applied to the probe in the electrolyte decreases the number of electrons in the inversion layer and thus the current of electrons flowing to the point contact biased in the reverse direction. Arrows indicate the conventional direction of current flow; electrons move in the opposite direction.

　　　　　　　세상에서 가장 쉬운 과학 수업 반도체 혁명

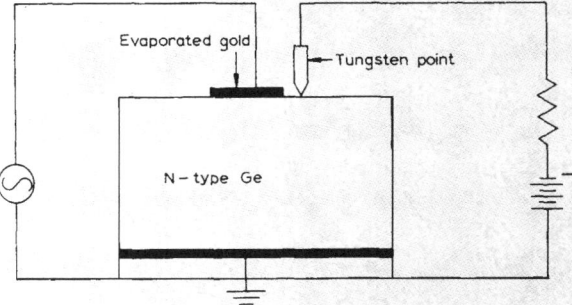

Fig. 11. Diagram of experiment in which the transistor effect was first observed. Positive voltage applied to the gold spot introduced holes into the n-type germanium block which flowed to the point contact biased in the reverse direction. It was found that an increase in positive voltage increased the reverse current. When connected across a high impedance, the change in voltage of the point contact was larger than the change at the gold spot, both measured relative to the base electrode.

*Experiments on inversion layers*

Use of an electrolyte provided a method for changing the surface barrier, so that it should be possible to observe a field effect in a suitable arrangement. We did not want to use an evaporated film because of the poor structure and low mobility. With the techniques available at the time, it would have been difficult to prepare a slab from bulk material sufficiently thin to observe a sizable effect. It was suggested that one could get the effect of a thin film in bulk material by observing directly the flow in an inversion layer of opposite conductivity type near the surface. Earlier work of Ohl and Scaff indicated that one could get an inversion layer of n-type conductivity on p-type silicon by suitably oxidizing the surface. If a point contact is made which rectifies to the p-type base, it would be expected to make low resistance contact to the inversion layer.

The arrangement which Brattain and I used in the initial tests is shown in Fig. 10. The point contact was surrounded by, but insulated from, a drop of electrolyte. An electrode in the electrolyte could be used to apply a strong field at the semiconductor surface in the vicinity of the contact. The reverse, or high resistance direction is that in which point is positive relative to the block. Part of the reverse current consists of electrons flowing through the n-type inversion layer to the contact. It was found that the magnitude of this current could be changed by applying a voltage on the electrolyte probe, and thus, by the field effect, changing the conductance of the inversion layer. Since under static conditions only a very small current flowed through the electrolyte, the set-up could be used as an amplifier. In the initial tests, current and power amplification, but not voltage amplification, was observed. As predicted from the expected decrease in number of electrons in the inversion layer, a negative voltage applied to the probe was found to decrease the current flowing in the reverse direction to the contact.

It was next decided to try a similar arrangement with a block of n-type germanium. Although we had no prior knowledge of a p-type inversion layer on the surface, the experiments showed definitely that a large part of the reverse current consisted of holes flowing in an inversion layer near the surface. A positive change in voltage on the probe decreased the reverse current. Considerable voltage as well as current and power amplification was observed.

Because of the long time constants of the electrolyte used, amplification was obtained only at very low frequencies. We next tried to replace the electrolyte by a metal control electrode insulated from the surface by either a thin oxide layer or by a rectifying contact. A surface was prepared by Gibney by anodizing the surface and then evaporating several gold spots on it. Although none made the desired high resistance contact to the block, we decided to see what effects would be obtained. A point contact was placed very close to one of the spots and biased in the reverse direction (see Fig. 11). A small effect on the reverse current was observed when the spot was biased positively, but of *opposite* direction to that observed with the electrolyte. An increase in positive bias *increased* rather than decreased the reverse current to the point contact. The effect was large enough to give some voltage, but no power amplification. This experiment suggested that holes were flowing into the germanium surface from the gold spot, and that the holes introduced in this way flowed into the point contact to enhance the reverse current. This was the first indication of the transistor effect.

It was estimated that power amplification could be obtained if the metal contacts were spaced at distances of the order of 0.005 cm. In the first attempt, which was successful, contacts were made by evaporating gold on a wedge, and then separating the gold at the point of the wedge with a razor blade to make two closely spaced contacts. After further experimentation, it appeared that the easiest way to achieve the desired close separation was to use two appropriately shaped point contacts placed very close together.

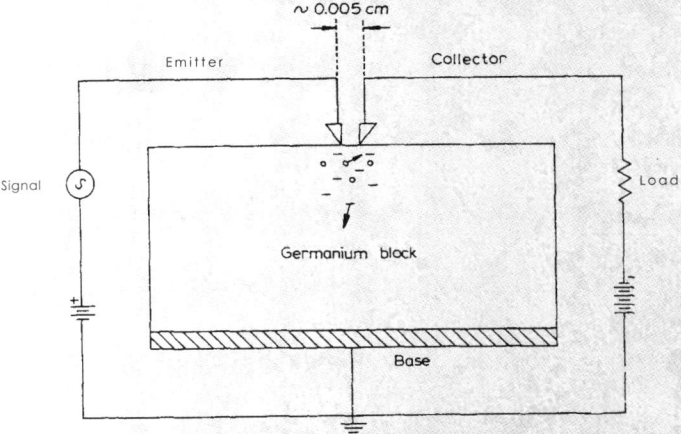

Fig. 12. Schematic diagram of point-contact transistor.

Success was achieved in the first trials; the point-contact transistor was born[14].

It was evident from the experiments that a large part of both the forward and reverse currents from a germanium point contact is carried by minority carriers, in this case holes. If this fact had been recognized earlier, the transistor might have come sooner.

Operation of a point-contact transistor is illustrated in Fig. 12. When operated as an amplifier, one contact, the emitter, is biased with a d.c. voltage in the forward direction, the second, the collector, in the negative or high resistance direction. A third contact, the base electrode, makes a low resistance contact to the block. A large part of the forward current consists of holes flowing into the block. Current from the collector consists in part of electrons flowing from the contact and in part of holes flowing toward the contact. The collector current produces an electric field in the block which is in such a direction as to attract holes introduced at the emitter. A large part of the emitter current, introduced at low impedance, flows in the collector circuit. Biased in the reverse direction, the collector has high impedance and can be matched to a high impedance load. There is thus a large voltage amplification of an input signal. It is found[14] that there is some current amplification as well, giving an overall power gain of 20 db. or more. An increase in hole current at the collector affects the barrier there in such a way as to enhance the current of electrons flowing from the contact.

The collector current must be sufficiently large to provide an electric field to attract the holes from the emitter. The optimum impendance of the collector is considerably less than that of a good germanium diode in the reverse direction. In the first experiments, it was attempted to achieve this by treating the surface so as to produce a large inversion layer of p-type conductivity on the surface. In this case, a large fraction of the hole current may flow in the inversion layer. Later, it was found that better results could be obtained by electrically forming the collector by passing large current pulses through it. In this case the surface treatment is less critical, and most of the emitter current flows through the bulk.

Studies of the nature of the forward and reverse currents to a point contact to germanium were made by making probe measurements of the variation of potential in the vicinity of the contact[15]. These measurements showed a large increase in conductivity when the contact was biased in the forward direction and in some cases evidence for a conducting inversion layer' near the surface when biased in the reverse direction.

Before it was established whether the useful emitter current was confined to an inversion layer or could flow through the bulk, Shockley[16] proposed a radically different design for a transistor based on the latter possibility. This is the junction transistor design in which added minority carriers from the emitter diffuse through a thin base layer to the collector. Independently of this suggestion, Shive[17] made a point-contact transistor in which the emitter and collector were on opposite faces of a thin slab of germanium. This showed definitely that injected minority carriers could flow for small distances through bulk material. While transistors can be made to operate either way, designs which make use of flow through bulk material have been most successful. Junction transistors have superseded point-contact transistors for most applications.

Following the discovery of the transistor effect, a large part of research at the Bell Laboratories was devoted to a study of flow on injected minority carriers in bulk material. Much of this research was instigated by Shockley, and will be described by him in the following talk.

Research on surface properties of germanium and silicon, suspended for some time after 1948 because of the pressure of other work, was resumed later on by Brattain and others, and is now a flourishing field of activity with implications to a number of scientific fields other than semiconductors such as adsorption, catalysis, and photoconductivity. This research program will be described by Dr. Brattain in his talk.

It is evident that many years of research by a great many people, both before and after the discovery of the transistor effect, has been required to bring our knowledge of semiconductors to its present development. We were fortunate enough to be involved at a particularly opportune time and to add another small step in the control of Nature for the benefit of mankind. In addition to my colleagues and to others mentioned in the lecture, I would like to express my deep gratitude to Drs. M. J. Kelly and Ralph Bown for the inspired leadership of the Laboratories when this work was done.

1. A. H. Wilson, *Proc. Roy. Soc. London*, A 133 (1931) 458; A 134 (1932) 277; A 136 (1932) 487.
2. J. Frenkel, *Physik. Z. Sowjetunion*, *8* (1935) 185.
3. N. F. Mott, *Proc. Roy. Soc. London*, A 171 (1939) 27.
4. W. Schottky, *Z. Physik*, 113 (1939) 367; 118 (1942) 539.
5. B. Davydov, *J. Tech. Phys. U.S.S.R.*, *5* (1938) 87.
6. R. Hilsch and R. W. Pohl, *Z. Physik*, III (1938) 399.
7. Amplifiers based on the field-effect principle had been suggested earlier in the patent literature (R. Lillienfeld and others), but apparently were not successful. Shockley's contribution was to show that it should be possible according to existing semiconductor theory to make such a device. An early successful experiment is that of W. Shockley and G. L. Pearson, *Phys. Rev.*, 74 (1948) 232.
8. J. Bardeen, *Phys. Rev.*, 71 (1947) 717.
9. A review is given in the lecture of Dr. Brattain, this volume, p. 337.
10. G. L. Pearson and J. Bardeen, *Phys. Rev.*, 75 (1949) *865*.
11. *See* K. Lark-Horovitz, *Elec. Eng.*, 68 (1949) 1047.
12. W. H. Brattain and W. Shockley, *Phys. Rev.*, 72 (1947) 345.
13. W. H. Brattain, *Phys. Rev.*, 71 (1947) 345.
14. J. Bardeen and W. H. Brattain, *Phys. Rev.*, 74 (1948) 230; 75 (1949) 1208.
15. W. H. Brattain and J. Bardeen, *Phys. Rev.*, 74 (1948) 231.
16. W. Shockley, *Electrons and Holes in Semiconductors*, D. Van Nostrand Co., Inc., New York, 1950, p. 86.
17. J. N. Shive, *Phys. Rev.*, 75 (1949) *689*.

# 위대한 논문과의 만남을 마무리하며

이 책은 트랜지스터 발명으로 노벨상을 받은 바딘, 브래튼, 쇼클리의 논문에 초점을 맞추었습니다. 이를 위해 이 논문이 탄생할 수 있게 한 고체물리학 연구의 역사와 반도체 물리학의 역사를 함께 살펴보았습니다.

이 책이 반도체 물리학에 관한 논문을 다루고 있으므로 고체에 대한 고대 과학자들의 생각과 에너지 밴드이론, 페르미 디랙 통계이론 등을 함께 살펴보았습니다. 이를 통해 반도체의 원리를 이해하는 데 도움이 되었으리라 봅니다. 또한 반도체를 이용한 트랜지스터가 나오기 전에 발명된 진공관에 대한 역사도 상세히 다루었습니다.

반도체 물리학은 대학 물리학과 3학년에서 배우고 더 자세한 내용은 4학년 때 고체물리학에서 배우게 됩니다. 반도체 물리학이나 고체 물리학을 이해하기 위해서는 양자역학에 대해 알 필요가 있습니다. 물리학을 전공하지 않는 독자들은 이 시리즈(세상에서 가장 쉬운 과학 수업)의 양자 관련 책들을 통해 양자역학을 조금 이해한 후 이 책을 보게 된다면 반도체 물리학의 매력에 푹 빠질 수 있으리라 생각합니다.

이 책의 출판 기획상 수식을 피할 수 없을 때는 고등학교 수학 정도의 수준에서 이해할 수 있도록 원고를 고치고 또 고치는 작업을 반복했습니다. 그러한 과정을 통해 어떻게든 수식을 줄여보려고 했습니다. 그렇더라도 수식을 좋아하는 사람들이라면 쉽게 따라갈 수 있도록 최대한 친절하게 다루었습니다.

이 책을 쓰기 위해 19세기와 20세기 초의 많은 논문을 뒤적거렸습니다. 지금까지와는 완연히 다른 용어들과 기호들로 적잖이 힘이 들었습니다. 특히 번역이 안 되어 있는 자료들이 많아 애를 먹었는데, 프랑스어로 쓰인 논문은 불문과를 졸업한 아내가 큰 역할을 해주었습니다.

이 책을 끝내자마자 다시 일반상대성이론에 대한 아인슈타인의 오리지널 논문을 공부하며 시리즈를 계속 이어나갈 생각을 하니 즐거움이 앞섭니다. 저자가 가진 이 즐거움을 독자들과 공유할 수 있기를 바라며, 힘들었지만 재미있었던 반도체와 트랜지스터에 관한 논문들과의 씨름을 여기서 멈추려고 합니다.

진주에서 정완상 교수

# 이 책을 위해 참고한 논문들

## 첫 번째 만남

[1] Charles Edouard Guillaume(1919), "The Anomaly of the Nickel−Steels", Proceedings of the Physical Society of London. 32(1).

[2] F. Reinitzer(1888), "Beiträge zur Kenntnis des Cholesterins", Monatshefte für Chemie 9.

[3] Lehmann O.(1889), "Über fliessende Krystalle", Zeitschrift für Physikalische Chemie. 4.

[4] Petit, A.−T.; Dulong, P.−L.(1819), "Recherches sur quelques points importants de la Théorie de la Chaleur", Annales de Chimie et de Physique (in French). 10.

[5] A. Einstein, "Planck's Theory of Radiation and the Theory of Specific Heat", Annalen der Physik, 4.

[6] M. Planck, "Über eine Verbesserung der Wienschen Spektralgleichung", Verhandlungen der Deutschen Physikalischen Gesellschaft. 2, 202(1900).

[7] M. Planck, "Zur Theorie des Gesetzes der Energieverteilung im Normalspectrum", Verhandlungen der Deutschen Physikalischen Gesellschaft. 2, 237(1900).

[8] M. Planck, "Entropie und Temperatur strahlender Wärme", Annalen der Physik. 306, 719(1900).

[9] Debye, Peter(1912), "Zur Theorie der spezifischen Waerme", Annalen der Physik (in German). 39(4).

## 두 번째 만남

[1] M. Planck, "Über eine Verbesserung der Wienschen Spektralgleichung", Verhandlungen der Deutschen Physikalischen Gesellschaft. 2, 202(1900).

[2] M. Planck, "Zur Theorie des Gesetzes der Energieverteilung im Normalspectrum", Verhandlungen der Deutschen Physikalischen Gesellschaft. 2, 237(1900).

[3] M. Planck, "Entropie und Temperatur strahlender Wärme", Annalen der Physik. 306, 719(1900).

[4] Bohr, Niels(1913), "On the Constitution of Atoms and Molecules", Philosophical Magazine. 26(151).

[5] L. De Broglie, Phil. Mag. 47, 446(1924).

[6] Heisenberg, W.(1925), "Über quantentheoretische Umdeutung kinematischer und mechanischer Beziehungen", Zeitschrift für Physik. 33(1).

[7] Born, M.; Jordan, P.(1925), "Zur Quantenmechanik", Zeitschrift für Physik. 34(1).

[8] E. Schrödinger, "An Undulatory Theory of the Mechanics of Atoms and Molecules", Phys. Rev. 28, 1049(1926).

[9] Bloch, Felix(1929), "Über die Quantenmechanik der Elektronen in Kristallgittern", Zeitschrift für Physik 52(7-8).

[10] de L. Kronig, R.; Penney, W. G.(1931), "Quantum Mechanics of Electrons in Crystal Lattices", Proceedings of the Royal Society A: Mathematical, Physical and Engineering Sciences. The Royal Society. 130(814).

[11] Wilson, A. H., "The Theory of Electronic Semi−Conductors", Proceedings of the Royal Society of London. Series A, Vol. 133, No. 822(Oct. 1, 1931) and "The Theory of Electronic Semi−Conductors II", in Vol. 134, No. 823(Nov. 3, 1931).

## 세 번째 만남

[1] Bose(1924), "Plancks Gesetz und Lichtquantenhypothese", Zeitschrift für Physik (in German), 26(1).

[2] Fermi, Enrico(1926), "Sulla quantizzazione del gas perfetto monoatomico", Rendiconti Lincei (in Italian). 3.

[3] Dirac, Paul A. M.(1926), "On the Theory of Quantum Mechanics", Proceedings of the Royal Society A. 112(762).

네 번째 만남

[1] 정완상, 브라운 운동, 성림원북스, 2024.


다섯 번째 만남

[1] Becquerel, Edmond(1853), "Reserches sur la conductibilité électrique des gaz à des températures élevées [Researches on the electrical conductivity of gases at high temperatures]", Comptes Rendus (in French). 37.

[2] Guthrie, Frederick(October 1873), "On a relation between heat and static electricity", The London, Edinburgh, and Dublin Philosophical Magazine and Journal of Science. 4th. 46(306).

[3] O. W. Richardson(1901), "On the negative radiation from hot platinum", Philosophical of the Cambridge Philosophical Society, 11.


여섯 번째 만남

[1] Bardeen, J.; Brattain, W.H.(15 July 1948), "The Transistor, A Semiconductor Triode", Physical Review. American Physical Society. 74(2).

[2] Shockley, William, Bell Labs lab notebook No. 20455(January 1948).

[3] Shockley, W., "Circuit Element Utilizing Semiconductive

Material", U. S. Patent 2,569,347(Filed June 26, 1948. Issued September 25, 1951).

[4] Shockley, William., "The Theory of P−N Junctions in Semiconductors and P−N Junction Transistors", Bell System Technical Journal Vol. 28 No. 3(July 1949).

[5] Lilienfeld, J. E., "Method and apparatus for controlling electric current", US Patent no. 1,745,175(filed: 8 October 1926; issued: 28 January 1930).

[6] Derick, Lincoln and Frosch, Carl J., "Oxidation of Semiconductive Surfaces for Controlled Diffusion", U. S. Patent 2,802,760(Filed December 2, 1956. Issued August 13, 1957)

[7] Frosch C. J. and Derick, L., "Surface Protection and Selective Masking during Diffusion in Silicon", Journal of the Electrochemical Society, Vol. 104, No. 9(September 1957).

[8] Atalla, M.; Tannenbaum, E.; Scheibner, E. J.(1959), "Stabilization of silicon surfaces by thermally grown oxides", The Bell System Technical Journal. 38(3).

[9] Atalla, M.; Kahng, D.(1960), "Silicon−silicon dioxide field induced surface devices", IRE−AIEE Solid State Device Research Conference.

# 수식에 사용하는 그리스 문자

| 대문자 | 소문자 | 읽기 | 대문자 | 소문자 | 읽기 |
|---|---|---|---|---|---|
| $A$ | $\alpha$ | 알파(alpha) | $N$ | $\nu$ | 뉴(nu) |
| $B$ | $\beta$ | 베타(beta) | $\Xi$ | $\xi$ | 크시(xi) |
| $\Gamma$ | $\gamma$ | 감마(gamma) | $O$ | $o$ | 오미크론(omicron) |
| $\Delta$ | $\delta$ | 델타(delta) | $\Pi$ | $\pi$ | 파이(pi) |
| $E$ | $\varepsilon$ | 엡실론(epsilon) | $P$ | $\rho$ | 로(rho) |
| $Z$ | $\zeta$ | 제타(zeta) | $\Sigma$ | $\sigma$ | 시그마(sigma) |
| $H$ | $\eta$ | 에타(eta) | $T$ | $\tau$ | 타우(tau) |
| $\Theta$ | $\theta$ | 세타(theta) | $Y$ | $\upsilon$ | 입실론(upsilon) |
| $I$ | $\iota$ | 요타(iota) | $\Phi$ | $\varphi$ | 피(phi) |
| $K$ | $\chi$ | 카파(kappa) | $X$ | $\chi$ | 키(chi) |
| $\Lambda$ | $\lambda$ | 람다(lambda) | $\Psi$ | $\psi$ | 프시(psi) |
| $M$ | $\mu$ | 뮤(mu) | $\Omega$ | $\omega$ | 오메가(omega) |

# 노벨 물리학상 수상자들을 소개합니다

이 책에 언급된 노벨상 수상자는 이름 앞에 ★로 표시하였습니다.

| 연도 | 수상자 | 수상 이유 |
|---|---|---|
| 1901 | 빌헬름 콘라트 뢴트겐 | 그의 이름을 딴 놀라운 광선의 발견으로 그가 제공한 특별한 공헌을 인정하여 |
| 1902 | 헨드릭 안톤 로런츠 | 복사 현상에 대한 자기의 영향에 대한 연구를 통해 그들이 제공한 탁월한 공헌을 인정하여 |
| | 피터르 제이만 | |
| 1903 | 앙투안 앙리 베크렐 | 자발 방사능 발견으로 그가 제공한 탁월한 공로를 인정하여 |
| | 피에르 퀴리 | 앙리 베크렐 교수가 발견한 방사선 현상에 대한 공동 연구를 통해 그들이 제공한 탁월한 공헌을 인정하여 |
| | 마리 퀴리 | |
| 1904 | 존 윌리엄 스트럿 레일리 | 가장 중요한 기체의 밀도에 대한 조사와 이러한 연구와 관련하여 아르곤을 발견한 공로 |
| 1905 | 필리프 레나르트 | 음극선에 대한 연구 |
| 1906 | 조지프 존 톰슨 | 기체에 의한 전기 전도에 대한 이론적이고 실험적인 연구의 큰 장점을 인정하여 |
| 1907 | 앨버트 에이브러햄 마이컬슨 | 광학 정밀 기기와 그 도움으로 수행된 분광 및 도량형 조사 |
| 1908 | 가브리엘 리프만 | 간섭 현상을 기반으로 사진적으로 색상을 재현하는 방법 |
| 1909 | ★굴리엘모 마르코니 | 무선 전신 발전에 기여한 공로를 인정받아 |
| | ★카를 페르디난트 브라운 | |
| 1910 | 요하네스 디데릭 판데르발스 | 기체와 액체의 상태 방정식에 관한 연구 |
| 1911 | 빌헬름 빈 | 열복사 법칙에 관한 발견 |
| 1912 | 닐스 구스타프 달렌 | 등대와 부표를 밝히기 위해 가스 어큐뮬레이터와 함께 사용하기 위한 자동 조절기 발명 |

| 1913 | 헤이커 카메를링 오너스 | 특히 액체 헬륨 생산으로 이어진 저온에서의 물질 특성에 대한 연구 |
|------|------|------|
| 1914 | 막스 폰 라우에 | 결정에 의한 X선 회절 발견 |
| 1915 | 윌리엄 헨리 브래그 | X선을 이용한 결정구조 분석에 기여한 공로 |
|      | 윌리엄 로런스 브래그 |  |
| 1916 | 수상자 없음 |  |
| 1917 | 찰스 글러버 바클라 | 원소의 특징적인 뢴트겐 복사 발견 |
| 1918 | 막스 플랑크 | 에너지 양자 발견으로 물리학 발전에 기여한 공로 인정 |
| 1919 | 요하네스 슈타르크 | 커낼선의 도플러 효과와 전기장에서 분광선의 분할 발견 |
| 1920 | ★샤를 에두아르 기욤 | 니켈강 합금의 이상 현상을 발견하여 물리학의 정밀 측정에 기여한 공로를 인정하여 |
| 1921 | 알베르트 아인슈타인 | 이론 물리학에 대한 공로, 특히 광전효과 법칙 발견 |
| 1922 | 닐스 보어 | 원자 구조와 원자에서 방출되는 방사선 연구에 기여 |
| 1923 | 로버트 앤드루스 밀리컨 | 전기의 기본 전하와 광전효과에 관한 연구 |
| 1924 | 칼 만네 예오리 시그반 | X선 분광학 분야에서의 발견과 연구 |
| 1925 | 제임스 프랑크 | 전자가 원자에 미치는 영향을 지배하는 법칙 발견 |
|      | 구스타프 헤르츠 |  |
| 1926 | 장 바티스트 페랭 | 물질의 불연속 구조에 관한 연구, 특히 침전 평형 발견 |
| 1927 | 아서 콤프턴 | 그의 이름을 딴 효과 발견 |
|      | 찰스 톰슨 리스 윌슨 | 수증기 응축을 통해 전하를 띤 입자의 경로를 볼 수 있게 만든 방법 |
| 1928 | ★오언 윌런스 리처드슨 | 열전자 현상에 관한 연구, 특히 그의 이름을 딴 법칙 발견 |
| 1929 | 루이 드브로이 | 전자의 파동성 발견 |
| 1930 | 찬드라세카라 벵카타 라만 | 빛의 산란에 관한 연구와 그의 이름을 딴 효과 발견 |
| 1931 | 수상자 없음 |  |

| | | |
|---|---|---|
| 1932 | 베르너 하이젠베르크 | 수소의 동소체 형태 발견으로 이어진 양자역학의 창시 |
| 1933 | 에르빈 슈뢰딩거 | 원자 이론의 새로운 생산적 형태 발견 |
| | 폴 디랙 | |
| 1934 | 수상자 없음 | |
| 1935 | 제임스 채드윅 | 중성자 발견 |
| 1936 | 빅토르 프란츠 헤스 | 우주 방사선 발견 |
| | 칼 데이비드 앤더슨 | 양전자 발견 |
| 1937 | 클린턴 조지프 데이비슨 | 결정에 의한 전자의 회절에 대한 실험적 발견 |
| | 조지 패짓 톰슨 | |
| 1938 | 엔리코 페르미 | 중성자 조사에 의해 생성된 새로운 방사성 원소의 존재에 대한 시연 및 이와 관련된 느린중성자에 의한 핵반응 발견 |
| 1939 | 어니스트 로런스 | 사이클로트론의 발명과 개발, 특히 인공 방사성 원소와 관련하여 얻은 결과 |
| 1940 | 수상자 없음 | |
| 1941 | | |
| 1942 | | |
| 1943 | 오토 슈테른 | 분자선 방법 개발 및 양성자의 자기 모멘트 발견에 기여 |
| 1944 | 이지도어 아이작 라비 | 원자핵의 자기적 특성을 기록하기 위한 공명 방법 |
| 1945 | 볼프강 파울리 | 파울리 원리라고도 불리는 배제 원리의 발견 |
| 1946 | 퍼시 윌리엄스 브리지먼 | 초고압을 발생시키는 장치의 발명과 고압 물리학 분야에서 그가 이룬 발견에 대해 |
| 1947 | 에드워드 빅터 애플턴 | 대기권 상층부의 물리학 연구, 특히 이른바 애플턴층의 발견 |
| 1948 | 패트릭 메이너드 스튜어트 블래킷 | 윌슨 구름상자 방법의 개발과 핵물리학 및 우주 방사선 분야에서의 발견 |
| 1949 | 유카와 히데키 | 핵력에 관한 이론적 연구를 바탕으로 중간자 존재 예측 |

| | | |
|---|---|---|
| 1950 | 세실 프랭크 파월 | 핵 과정을 연구하는 사진 방법의 개발과 이 방법으로 만들어진 중간자에 관한 발견 |
| 1951 | 존 더글러스 콕크로프트 | 인위적으로 가속된 원자 입자에 의한 원자핵 변환에 대한 선구자적 연구 |
| | 어니스트 토머스 신턴 월턴 | |
| 1952 | ★펠릭스 블로흐 | 핵자기 정밀 측정을 위한 새로운 방법 개발 및 이와 관련된 발견 |
| | 에드워드 밀스 퍼셀 | |
| 1953 | 프리츠 제르니커 | 위상차 방법 시연, 특히 위상차 현미경 발명 |
| 1954 | 막스 보른 | 양자역학의 기초 연구, 특히 파동함수의 통계적 해석 |
| | 발터 보테 | 우연의 일치 방법과 그 방법으로 이루어진 그의 발견 |
| 1955 | 윌리스 유진 램 | 수소 스펙트럼의 미세 구조에 관한 발견 |
| | 폴리카프 쿠시 | 전자의 자기 모멘트를 정밀하게 측정한 공로 |
| 1956 | ★윌리엄 브래드퍼드 쇼클리 | 반도체 연구 및 트랜지스터 효과 발견 |
| | ★존 바딘 | |
| | ★월터 하우저 브래튼 | |
| 1957 | 양전닝 | 소립자에 관한 중요한 발견으로 이어진 소위 패리티 법칙에 대한 철저한 조사 |
| | 리정다오 | |
| 1958 | 파벨 알렉세예비치 체렌코프 | 체렌코프 효과의 발견과 해석 |
| | 일리야 프란크 | |
| | 이고리 탐 | |
| 1959 | 에밀리오 지노 세그레 | 반양성자 발견 |
| | 오언 체임벌린 | |
| 1960 | 도널드 아서 글레이저 | 거품 상자의 발명 |
| 1961 | 로버트 호프스태터 | 원자핵의 전자 산란에 대한 선구적인 연구와 핵자 구조에 관한 발견 |
| | 루돌프 뫼스바워 | 감마선의 공명 흡수에 관한 연구와 그의 이름을 딴 효과에 대한 발견 |

| 1962 | 레프 다비도비치 란다우 | 응집 물질, 특히 액체 헬륨에 대한 선구적인 이론 |
|---|---|---|
| 1963 | 유진 폴 위그너 | 원자핵 및 소립자 이론에 대한 공헌, 특히 기본 대칭 원리의 발견 및 적용을 통한 공로 |
| | 마리아 괴페르트 메이어 | 핵 껍질 구조에 관한 발견 |
| | 한스 옌젠 | |
| 1964 | 니콜라이 바소프 | 메이저-레이저 원리에 기반한 발진기 및 증폭기의 구성으로 이어진 양자 전자 분야의 기초 작업 |
| | 알렉산드르 프로호로프 | |
| | 찰스 하드 타운스 | |
| 1965 | 도모나가 신이치로 | 소립자의 물리학에 심층적인 결과를 가져온 양자전기역학의 근본적인 연구 |
| | 줄리언 슈윙거 | |
| | 리처드 필립스 파인먼 | |
| 1966 | 알프레드 카스틀레르 | 원자에서 헤르츠 공명을 연구하기 위한 광학적 방법의 발견 및 개발 |
| 1967 | 한스 알브레히트 베테 | 핵반응 이론, 특히 별의 에너지 생산에 관한 발견에 기여 |
| 1968 | 루이스 월터 앨버레즈 | 소립자 물리학에 대한 결정적인 공헌, 특히 수소 기포 챔버 사용 기술 개발과 데이터 분석을 통해 가능해진 다수의 공명 상태 발견 |
| 1969 | 머리 겔만 | 기본 입자의 분류와 그 상호 작용에 관한 공헌 및 발견 |
| 1970 | 한네스 올로프 예스타 알벤 | 플라스마 물리학의 다양한 부분에서 유익한 응용을 통해 자기유체역학의 기초 연구 및 발견 |
| | 루이 외젠 펠릭스 네엘 | 고체물리학에서 중요한 응용을 이끈 반강자성 및 강자성에 관한 기초 연구 및 발견 |
| 1971 | 데니스 가보르 | 홀로그램 방법의 발명 및 개발 |
| 1972 | ★존 바딘 | 일반적으로 BCS 이론이라고 하는 초전도 이론을 공동으로 개발한 공로 |
| | 리언 닐 쿠퍼 | |
| | 존 로버트 슈리퍼 | |

| | | |
|---|---|---|
| | 에사키 레오나 | 반도체와 초전도체의 터널링 현상에 관한 실험적 발견 |
| 1973 | 이바르 예베르 | |
| | 브라이언 데이비드 조지프슨 | 터널 장벽을 통과하는 초전류 특성, 특히 일반적으로 조지프슨 효과로 알려진 현상에 대한 이론적 예측 |
| 1974 | 마틴 라일 | 전파 천체물리학의 선구적인 연구: 라일은 특히 개구 합성 기술의 관찰과 발명, 그리고 휴이시는 펄서 발견에 결정적인 역할을 함 |
| | 앤터니 휴이시 | |
| 1975 | 오게 닐스 보어 | 원자핵에서 집단 운동과 입자 운동 사이의 연관성 발견과 이 연관성에 기초한 원자핵 구조 이론 개발 |
| | 벤 로위 모텔손 | |
| | 제임스 레인워터 | |
| 1976 | 버턴 릭터 | 새로운 종류의 무거운 기본 입자 발견에 대한 선구적인 작업 |
| | 새뮤얼 차오 충 팅 | |
| 1977 | 필립 워런 앤더슨 | 자기 및 무질서 시스템의 전자 구조에 대한 근본적인 이론적 조사 |
| | 네빌 프랜시스 모트 | |
| | 존 해즈브룩 밴블렉 | |
| 1978 | 표트르 레오니도비치 카피차 | 저온 물리학 분야의 기본 발명 및 발견 |
| | 아노 앨런 펜지어스 | 우주 마이크로파 배경 복사의 발견 |
| | 로버트 우드로 윌슨 | |
| 1979 | 셸던 리 글래쇼 | 특히 약한 중성 전류의 예측을 포함하여 기본 입자 사이의 통일된 약한 전자기 상호 작용 이론에 대한 공헌 |
| | 압두스 살람 | |
| | 스티븐 와인버그 | |
| 1980 | 제임스 왓슨 크로닌 | 중성 K 중간자의 붕괴에서 기본 대칭 원리 위반 발견 |
| | 밸 로그즈던 피치 | |
| 1981 | 니콜라스 블룸베르헌 | 레이저 분광기 개발에 기여 |
| | 아서 레너드 숄로 | |
| | 카이 만네 뵈리에 시그반 | 고해상도 전자 분광기 개발에 기여 |

| | | |
|---|---|---|
| 1982 | 케네스 게디스 윌슨 | 상전이와 관련된 임계 현상에 대한 이론 |
| 1983 | 수브라마니안 찬드라세카르 | 별의 구조와 진화에 중요한 물리적 과정에 대한 이론적 연구 |
| | 윌리엄 앨프리드 파울러 | 우주의 화학 원소 형성에 중요한 핵반응에 대한 이론 및 실험적 연구 |
| 1984 | 카를로 루비아 | 약한 상호 작용의 커뮤니케이터인 필드 입자 W와 Z의 발견으로 이어진 대규모 프로젝트에 결정적인 기여 |
| | 시몬 판데르 메이르 | |
| 1985 | 클라우스 폰 클리칭 | 양자화된 홀 효과의 발견 |
| 1986 | 에른스트 루스카 | 전자 광학의 기초 작업과 최초의 전자 현미경 설계 |
| | 게르트 비니히 | 스캐닝 터널링 현미경 설계 |
| | 하인리히 로러 | |
| 1987 | 요하네스 게오르크 베드노르츠 | 세라믹 재료의 초전도성 발견에서 중요한 돌파구 |
| | 카를 알렉산더 뮐러 | |
| 1988 | 리언 레더먼 | 뉴트리노 빔 방법과 뮤온 중성미자 발견을 통한 경입자의 이중 구조 증명 |
| | 멜빈 슈워츠 | |
| | 잭 스타인버거 | |
| 1989 | 노먼 포스터 램지 | 분리된 진동 필드 방법의 발명과 수소 메이저 및 기타 원자시계에서의 사용 |
| | 한스 게오르크 데멜트 | 이온 트랩 기술 개발 |
| | 볼프강 파울 | |
| 1990 | 제롬 프리드먼 | 입자 물리학에서 쿼크 모델 개발에 매우 중요한 역할을 한 양성자 및 구속된 중성자에 대한 전자의 심층 비탄성 산란에 관한 선구적인 연구 |
| | 헨리 웨이 켄들 | |
| | 리처드 테일러 | |
| 1991 | ★피에르질 드 젠 | 간단한 시스템에서 질서 현상을 연구하기 위해 개발된 방법을 보다 복잡한 형태의 물질, 특히 액정과 고분자로 일반화할 수 있음을 발견 |

| | | |
|---|---|---|
| 1992 | 조르주 샤르파크 | 입자 탐지기, 특히 다중 와이어 비례 챔버의 발명 및 개발 |
| 1993 | 러셀 헐스 | 새로운 유형의 펄서 발견, 중력 연구의 새로운 가능성을 연 발견 |
| | 조지프 테일러 | |
| 1994 | 버트럼 브록하우스 | 중성자 분광기 개발 |
| | 클리퍼드 셜 | 중성자 회절 기술 개발 |
| 1995 | 마틴 펄 | 타우 렙톤의 발견 |
| | 프레더릭 라이너스 | 중성미자 검출 |
| 1996 | 데이비드 리 | 헬륨-3의 초유동성 발견 |
| | 더글러스 오셔로프 | |
| | 로버트 리처드슨 | |
| 1997 | 스티븐 추 | 레이저 광으로 원자를 냉각하고 가두는 방법 개발 |
| | 클로드 코엔타누지 | |
| | 윌리엄 필립스 | |
| 1998 | 로버트 로플린 | 부분적으로 전하를 띤 새로운 형태의 양자 유체 발견 |
| | 호르스트 슈퇴르머 | |
| | 대니얼 추이 | |
| 1999 | 헤라르뒤스 엇호프트 | 물리학에서 전기약력 상호작용의 양자 구조 규명 |
| | 마르티뉘스 펠트만 | |
| 2000 | 조레스 알표로프 | 정보 통신 기술에 대한 기초 작업(고속 및 광전자 공학에 사용되는 반도체 이종 구조 개발) |
| | 허버트 크로머 | |
| | ★잭 킬비 | 정보 통신 기술에 대한 기초 작업(집적회로 발명에 기여) |
| 2001 | 에릭 코넬 | 알칼리 원자의 희석 가스에서 보스-아인슈타인 응축 달성 및 응축 특성에 대한 초기 기초 연구 |
| | 칼 위먼 | |
| | 볼프강 케테를레 | |

| | | |
|---|---|---|
| 2002 | 레이먼드 데이비스 | 천체물리학, 특히 우주 중성미자 검출에 대한 선구적인 공헌 |
| | 고시바 마사토시 | |
| | 리카르도 자코니 | 우주 X선 소스의 발견으로 이어진 천체물리학에 대한 선구적인 공헌 |
| 2003 | 알렉세이 아브리코소프 | 초전도체 및 초유체 이론에 대한 선구적인 공헌 |
| | 비탈리 긴즈부르크 | |
| | 앤서니 레깃 | |
| 2004 | 데이비드 그로스 | 강한 상호작용 이론에서 점근적 자유의 발견 |
| | 데이비드 폴리처 | |
| | 프랭크 윌첵 | |
| 2005 | 로이 글라우버 | 광학 일관성의 양자 이론에 기여 |
| | 존 홀 | 광 주파수 콤 기술을 포함한 레이저 기반 정밀 분광기 개발에 기여 |
| | 테오도어 헨슈 | |
| 2006 | 존 매더 | 우주 마이크로파 배경 복사의 흑체 형태와 이방성 발견 |
| | 조지 스무트 | |
| 2007 | 알베르 페르 | 자이언트 자기 저항의 발견 |
| | 페터 그륀베르크 | |
| 2008 | 난부 요이치로 | 아원자 물리학에서 자발적인 대칭 깨짐 메커니즘 발견 |
| | 고바야시 마코토 | 자연계에 적어도 세 종류의 쿼크가 존재함을 예측하는 깨진 대칭의 기원 발견 |
| | 마스카와 도시히데 | |
| 2009 | 찰스 가오 | 광 통신을 위한 섬유의 빛 전송에 관한 획기적인 업적 |
| | 윌러드 보일 | 영상 반도체 회로(CCD 센서)의 발명 |
| | 조지 엘우드 스미스 | |
| 2010 | 안드레 가임 | 2차원 물질 그래핀에 관한 획기적인 실험 |
| | 콘스탄틴 노보셀로프 | |

세상에서 가장 쉬운 과학 수업 반도체 혁명

| | | |
|---|---|---|
| 2011 | 솔 펄머터 | 원거리 초신성 관측을 통한 우주 가속 팽창 발견 |
| | 브라이언 슈밋 | |
| | 애덤 리스 | |
| 2012 | 세르주 아로슈 | 개별 양자 시스템의 측정 및 조작을 가능하게 하는 획기적인 실험 방법 |
| | 데이비드 와인랜드 | |
| 2013 | 프랑수아 앙글레르 | 아원자 입자의 질량 기원에 대한 이해에 기여하고 최근 CERN의 대형 하드론 충돌기에서 ATLAS 및 CMS 실험을 통해 예측된 기본 입자의 발견을 통해 확인된 메커니즘의 이론적 발견 |
| | 피터 힉스 | |
| 2014 | 아카사키 이사무 | 밝고 에너지 절약형 백색 광원을 가능하게 한 효율적인 청색 발광 다이오드의 발명 |
| | 아마노 히로시 | |
| | 나카무라 슈지 | |
| 2015 | 가지타 다카아키 | 중성미자가 질량을 가지고 있음을 보여주는 중성미자 진동 발견 |
| | 아서 맥도널드 | |
| 2016 | 데이비드 사울레스 | 위상학적 상전이와 물질의 위상학적 위상에 대한 이론적 발견 |
| | 덩컨 홀데인 | |
| | 마이클 코스털리츠 | |
| 2017 | 라이너 바이스 | LIGO 탐지기와 중력파 관찰에 결정적인 기여 |
| | 킵 손 | |
| | 배리 배리시 | |
| 2018 | 아서 애슈킨 | 레이저 물리학 분야의 획기적인 발명(광학 핀셋과 생물학적 시스템에 대한 응용) |
| | 제라르 무루 | 레이저 물리학 분야의 획기적인 발명(고강도 초단파 광 펄스 생성 방법) |
| | 도나 스트리클런드 | |

| | | |
|---|---|---|
| 2019 | 제임스 피블스 | 우주의 진화와 우주에서 지구의 위치에 대한 이해에 기여(물리 우주론의 이론적 발견) |
| | 미셸 마요르 | 우주의 진화와 우주에서 지구의 위치에 대한 이해에 기여(태양형 항성 주위를 공전하는 외계 행성 발견) |
| | 디디에 쿠엘로 | |
| 2020 | 로저 펜로즈 | 블랙홀 형성이 일반 상대성 이론의 확고한 예측이라는 발견 |
| | 라인하르트 겐첼 | 우리 은하의 중심에 있는 초거대 밀도 물체 발견 |
| | 앤드리아 게즈 | |
| 2021 | 마나베 슈쿠로 | 복잡한 시스템에 대한 이해에 획기적인 기여(지구 기후의 물리적 모델링, 가변성을 정량화하고 지구 온난화를 안정적으로 예측) |
| | 클라우스 하셀만 | |
| | 조르조 파리시 | 복잡한 시스템에 대한 이해에 획기적인 기여 (원자에서 행성 규모에 이르는 물리적 시스템의 무질서와 요동의 상호작용 발견) |
| 2022 | 알랭 아스페 | 얽힌 광자를 사용한 실험, 벨 불평등 위반 규명 및 양자 정보 과학 개척 |
| | 존 클라우저 | |
| | 안톤 차일링거 | |
| 2023 | 피에르 아고스티니 | 물질의 전자 역학 연구를 위해 아토초(100경분의 1초) 빛 펄스를 생성하는 실험 방법 고안 |
| | 페렌츠 크러우스 | |
| | 안 륄리에 | |

# 노벨 화학상 수상자들을 소개합니다

이 책에 언급된 노벨상 수상자는 이름 앞에 ★로 표시하였습니다.

| 연도 | 수상자 | 수상 이유 |
|---|---|---|
| 1901 | 야코뷔스 헨드리퀴스 호프 | 용액의 삼투압과 화학적 역학의 법칙을 발견함으로써 그가 제공한 탁월한 공헌을 인정하여 |
| 1902 | 에밀 헤르만 피셔 | 당과 푸린 합성에 대한 연구로 그가 제공한 탁월한 공헌을 인정하여 |
| 1903 | 스반테 아우구스트 아레니우스 | 전기분해 해리 이론으로 화학 발전에 기여한 탁월한 공헌을 인정하여 |
| 1904 | 윌리엄 램지 | 공기 중 불활성 기체 원소를 발견하고 주기율표에서 원소의 위치를 결정한 공로를 인정받아 |
| 1905 | 요한 프리드리히 빌헬름 아돌프 폰 베이어 | 유기 염료 및 하이드로 방향족 화합물에 대한 연구를 통해 유기 화학 및 화학 산업 발전에 기여한 공로 |
| 1906 | 앙리 무아상 | 불소 원소의 연구 및 분리, 그리고 그의 이름을 딴 전기로를 과학에 채택한 공로를 인정하여 |
| 1907 | 에두아르트 부흐너 | 생화학 연구 및 무세포 발효 발견 |
| 1908 | 어니스트 러더퍼드 | 원소 분해와 방사성 물질의 화학에 대한 연구 |
| 1909 | 빌헬름 오스트발트 | 촉매작용에 대한 그의 연구와 화학 평형 및 반응 속도를 지배하는 기본 원리에 대한 연구를 인정 |
| 1910 | 오토 발라흐 | 지환족 화합물 분야의 선구자적 업적을 통해 유기 화학 및 화학 산업에 기여한 공로를 인정받아 |
| 1911 | 마리 퀴리 | 라듐 및 폴로늄 원소 발견, 라듐 분리 및 이 놀라운 원소의 성질과 화합물 연구를 통해 화학 발전에 기여한 공로 |

| 연도 | 수상자 | 공로 |
|---|---|---|
| 1912 | 빅토르 그리냐르 | 최근 유기 화학을 크게 발전시킨 소위 그리냐르 시약의 발견 |
| | 폴 사바티에 | 미세하게 분해된 금속이 있는 상태에서 유기 화합물을 수소화하는 방법으로 최근 몇 년 동안 유기 화학이 크게 발전한 데 대한 공로 |
| 1913 | 알프레트 베르너 | 분자 내 원자의 결합에 대한 그의 업적을 인정하여, 이전 연구에 새로운 시각을 제시하고 특히 무기 화학 분야에서 새로운 연구 분야를 연 공로 |
| 1914 | 시어도어 윌리엄 리처즈 | 수많은 화학 원소의 원자량을 정확하게 측정한 공로 |
| 1915 | 리하르트 빌슈테터 | 식물 색소, 특히 엽록소에 대한 연구 |
| 1916 | 수상자 없음 | |
| 1917 | 수상자 없음 | |
| 1918 | 프리츠 하버 | 원소로부터 암모니아 합성 |
| 1919 | 수상자 없음 | |
| 1920 | 발터 헤르만 네른스트 | 열화학 분야에서의 업적 인정 |
| 1921 | 프레더릭 소디 | 방사성 물질의 화학 지식과 동위원소의 기원과 특성에 대한 연구에 기여한 공로 |
| 1922 | 프랜시스 윌리엄 애스턴 | 질량 분광기를 사용하여 많은 수의 비방사성 원소에서 동위원소를 발견하고 정수 규칙을 발표한 공로 |
| 1923 | 프리츠 프레글 | 유기 물질의 미세 분석 방법 발명 |
| 1924 | 수상자 없음 | |
| 1925 | 리하르트 아돌프 지그몬디 | 콜로이드 용액의 이질적 특성을 입증하고 이후 현대 콜로이드 화학의 기본이 된 그가 사용한 방법에 대한 공로 |
| 1926 | 테오도르 스베드베리 | 분산 시스템에 대한 연구 |
| 1927 | 하인리히 빌란트 | 담즙산 및 관련 물질의 구성에 대한 연구 |
| 1928 | 아돌프 빈다우스 | 스테롤의 구성 및 비타민과의 연관성에 대한 연구 |

| 연도 | 수상자 | 업적 |
|---|---|---|
| 1929 | 아서 하든<br>한스 폰 오일러켈핀 | 당과 발효 효소의 발효에 대한 연구 |
| 1930 | 한스 피셔 | 헤민과 엽록소의 구성, 특히 헤민 합성에 대한 연구 |
| 1931 | 카를 보슈<br>프리드리히 베르기우스 | 화학적 고압 방법의 발명과 개발에 기여한 공로를 인정받아 |
| 1932 | 어빙 랭뮤어 | 표면 화학에 대한 발견과 연구 |
| 1933 | 수상자 없음 | |
| 1934 | 해럴드 클레이턴 유리 | 중수소 발견 |
| 1935 | 장 프레데리크 졸리오 퀴리<br>이렌 졸리오퀴리 | 새로운 방사성 원소의 합성을 인정하여 |
| 1936 | ★피터 디바이 | 쌍극자 모멘트와 가스 내 X선 및 전자의 회절에 대한 연구를 통해 분자구조에 대한 지식에 기여 |
| 1937 | 월터 노먼 하스 | 탄수화물과 비타민 C에 대한 연구 |
| | 파울 카러 | 카로티노이드, 플래빈, 비타민 A 및 B2에 대한 연구 |
| 1938 | 리하르트 쿤 | 카로티노이드와 비타민에 대한 연구 |
| 1939 | 아돌프 부테난트 | 성호르몬 연구 |
| | 레오폴트 루지치카 | 폴리메틸렌 및 고급 테르펜에 대한 연구 |
| 1940 | 수상자 없음 | |
| 1941 | 수상자 없음 | |
| 1942 | 수상자 없음 | |
| 1943 | 게오르크 카를 폰 헤베시 | 화학 연구에서 추적자로서 동위원소를 사용 |
| 1944 | 오토 한 | 무거운 핵분열 발견 |
| 1945 | 아르투리 일마리 비르타넨 | 농업 및 영양 화학, 특히 사료 보존 방법에 대한 연구 및 발명 |

| | | |
|---|---|---|
| 1946 | 제임스 배철러 섬너 | 효소가 결정화될 수 있다는 발견 |
| | 존 하워드 노스럽 | 순수한 형태의 효소와 바이러스 단백질 제조 |
| | 웬들 메러디스 스탠리 | |
| 1947 | 로버트 로빈슨 | 생물학적으로 중요한 식물성 제품, 특히 알칼로이드에 대한 연구 |
| 1948 | 아르네 티셀리우스 | 전기영동 및 흡착 분석 연구, 특히 혈청 단백질의 복잡한 특성에 관한 발견 |
| 1949 | 윌리엄 프랜시스 지오크 | 화학 열역학 분야, 특히 극도로 낮은 온도에서 물질의 거동에 관한 공헌 |
| 1950 | 오토 파울 헤르만 딜스 | 디엔 합성의 발견 및 개발 |
| | 쿠르트 알더 | |
| 1951 | 에드윈 매티슨 맥밀런 | 초우라늄 원소의 화학적 발견 |
| | 글렌 시어도어 시보그 | |
| 1952 | 아처 존 포터 마틴 | 분할 크로마토그래피 발명 |
| | 리처드 로런스 밀링턴 싱 | |
| 1953 | 헤르만 슈타우딩거 | 고분자 화학 분야에서의 발견 |
| 1954 | 라이너스 칼 폴링 | 화학 결합의 특성에 대한 연구와 복합 물질의 구조 해명에 대한 응용 |
| 1955 | 빈센트 뒤비뇨 | 생화학적으로 중요한 황 화합물, 특히 폴리펩타이드 호르몬의 최초 합성에 대한 연구 |
| 1956 | 시릴 노먼 힌셜우드 | 화학 반응 메커니즘에 대한 연구 |
| | 니콜라이 니콜라예비치 세묘노프 | |
| 1957 | 알렉산더 로버터스 토드 | 뉴클레오타이드 및 뉴클레오타이드 보조 효소에 대한 연구 |
| 1958 | 프레더릭 생어 | 단백질 구조, 특히 인슐린 구조에 관한 연구 |
| 1959 | 야로슬라프 헤이로프스키 | 폴라로그래피 분석 방법의 발견 및 개발 |

| | | |
|---|---|---|
| 1960 | 윌러드 프랭크 리비 | 고고학, 지질학, 지구 물리학 및 기타 과학 분야에서 연령 결정을 위해 탄소-14를 사용한 방법 |
| 1961 | 멜빈 캘빈 | 식물의 이산화탄소 흡수에 대한 연구 |
| 1962 | 맥스 퍼디낸드 퍼루츠 | 구형 단백질 구조 연구 |
| | 존 카우더리 켄드루 | |
| 1963 | 카를 치글러 | 고분자 화학 및 기술 분야에서의 발견 |
| | 줄리오 나타 | |
| 1964 | 도러시 크로풋 호지킨 | 중요한 생화학 물질의 구조를 X선 기술로 규명한 공로 |
| 1965 | 로버트 번스 우드워드 | 유기 합성 분야에서 뛰어난 업적 |
| 1966 | 로버트 멀리컨 | 분자 오비탈 방법에 의한 분자의 화학 결합 및 전자 구조에 관한 기초 연구 |
| 1967 | 만프레트 아이겐 | 매우 짧은 에너지 펄스를 통해 평형을 교란함으로써 발생하는 매우 빠른 화학 반응에 대한 연구 |
| | 로널드 노리시 | |
| | 조지 포터 | |
| 1968 | 라르스 온사게르 | 비가역 과정의 열역학에 기초가 되는 그의 이름을 딴 상호 관계 발견 |
| 1969 | 데릭 바턴 | 형태 개념의 개발과 화학에서의 적용에 기여한 공로 |
| | 오드 하셀 | |
| 1970 | 루이스 페데리코 를루아르 | 당 뉴클레오타이드와 탄수화물 생합성에서의 역할 발견 |
| 1971 | 게르하르트 헤르츠베르크 | 분자, 특히 자유 라디칼의 전자 구조 및 기하학에 대한 지식에 기여한 공로 |
| 1972 | 크리스천 베이머 안핀슨 | 리보뉴클레아제, 특히 아미노산 서열과 생물학적 활성 형태 사이의 연결에 관한 연구 |
| | 스탠퍼드 무어 | 화학 구조와 리보뉴클레아제 분자 활성 중심의 촉매 활성 사이의 연결 이해에 기여 |
| | 윌리엄 하워드 스타인 | |
| 1973 | 에른스트 오토 피셔 | 소위 샌드위치 화합물이라고 불리는 유기 금속의 화학에 대해 독립적으로 수행한 선구적인 연구 |
| | 제프리 윌킨슨 | |

| | | |
|---|---|---|
| 1974 | 폴 존 플로리 | 고분자 물리 화학의 이론 및 실험 모두에서 기본적인 업적을 달성하여 |
| 1975 | 존 워컵 콘포스 | 효소 촉매 반응의 입체 화학 연구 |
| | 블라디미르 프렐로그 | 유기 분자 및 반응의 입체 화학 연구 |
| 1976 | 윌리엄 넌 립스컴 | 화학 결합 문제를 밝히는 보레인의 구조에 대한 연구 |
| 1977 | 일리야 프리고진 | 비평형 열역학, 특히 소산 구조 이론에 기여 |
| 1978 | 피터 미첼 | 화학 삼투 이론 공식화를 통한 생물학적 에너지 전달 이해에 기여 |
| 1979 | 허버트 브라운 | 각각 붕소 함유 화합물과 인 함유 화합물을 유기 합성의 중요한 시약으로 개발한 공로 |
| | 게오르크 비티히 | |
| 1980 | 폴 버그 | 특히 재조합 DNA와 관련하여 핵산의 생화학에 대한 기초 연구 |
| | 월터 길버트 | 핵산의 염기 서열 결정에 관한 공헌 |
| | 프레더릭 생어 | |
| 1981 | 후쿠이 겐이치 | 화학 반응 과정과 관련하여 독자적으로 개발한 이론 |
| | 로알드 호프만 | |
| 1982 | 에런 클루그 | 결정학 전자 현미경 개발 및 생물학적으로 중요한 핵산–단백질 복합체의 구조 규명 |
| 1983 | 헨리 타우버 | 특히 금속 착물에서 전자 이동 반응 메커니즘에 대한 연구 |
| 1984 | 로버트 브루스 메리필드 | 고체 매트릭스에서 화학 합성을 위한 방법론 개발 |
| 1985 | 허버트 하우프트먼 | 결정구조 결정을 위한 직접적인 방법 개발에서 뛰어난 업적 |
| | 제롬 칼 | |
| 1986 | 더들리 허슈바크 | 화학 기본 프로세스의 역학에 관한 기여 |
| | 리위안저 | |
| | 존 폴라니 | |

| 연도 | 수상자 | 업적 |
| --- | --- | --- |
| 1987 | 도널드 제임스 크램 | 높은 선택성의 구조 특이적 상호 작용을 가진 분자의 개발 및 사용 |
| | 장마리 렌 | |
| | 찰스 피더슨 | |
| 1988 | 요한 다이젠호퍼 | 광합성 반응 센터의 3차원 구조 결정 |
| | 로베르트 후버 | |
| | 하르트무트 미헬 | |
| 1989 | 시드니 올트먼 | RNA의 촉매 특성 발견 |
| | 토머스 체크 | |
| 1990 | 일라이어스 제임스 코리 | 유기 합성 이론 및 방법론 개발 |
| 1991 | 리하르트 에른스트 | 고해상도 핵자기 공명(NMR) 분광법의 개발에 기여 |
| 1992 | 루돌프 마커스 | 화학 시스템의 전자 전달 반응 이론에 대한 공헌 |
| 1993 | 캐리 멀리스 | DNA 기반 화학 분야에서의 방법론 개발, 특히 중합 효소 연쇄 반응(PCR) 방법의 발명 |
| | 마이클 스미스 | DNA 기반 화학 분야에서의 방법론 개발, 특히 올리고뉴클레오타이드 기반의 부위 지정 돌연변이 유발 및 단백질 연구 개발에 근본적인 기여 |
| 1994 | 조지 올라 | 탄소양이온 화학에 기여 |
| 1995 | 파울 크뤼천 | 대기 화학, 특히 오존의 형성 및 분해에 관한 연구 |
| | 마리오 몰리나 | |
| | 셔우드 롤런드 | |
| 1996 | 로버트 컬 | 풀러렌 발견 |
| | 해럴드 크로토 | |
| | 리처드 스몰리 | |
| 1997 | 폴 보이어 | 아데노신삼인산(ATP) 합성의 기본이 되는 효소 메커니즘 해명 |
| | 존 워커 | |
| | 옌스 스코우 | 이온 수송 효소인 Na+, K+ −ATPase의 최초 발견 |

| 1998 | 월터 콘 | 밀도 함수 이론 개발 |
|---|---|---|
| | 존 포플 | 양자 화학에서의 계산 방법 개발 |
| 1999 | 아메드 즈웨일 | 펨토초 분광법을 사용한 화학 반응의 전이 상태 연구 |
| 2000 | 앨런 히거 | 전도성 고분자의 발견 및 개발 |
| | 앨런 맥더미드 | |
| | 시라카와 히데키 | |
| 2001 | 윌리엄 놀스 | 키랄 촉매 수소화 반응에 대한 연구 |
| | 노요리 료지 | |
| | 배리 샤플리스 | 키랄 촉매 산화 반응에 대한 연구 |
| 2002 | 존 펜 | 생물학적 고분자의 식별 및 구조 분석 방법 개발 (질량 분광 분석을 위한 연성 탈착 이온화 방법 개발) |
| | 다나카 고이치 | |
| | 쿠르트 뷔트리히 | 생물학적 고분자의 식별 및 구조 분석 방법 개발 (용액에서 생물학적 고분자의 3차원 구조를 결정하기 위한 핵자기 공명 분광법 개발) |
| 2003 | 피터 아그리 | 세포막의 채널에 관한 발견(수로 발견) |
| | 로더릭 매키넌 | 세포막의 채널에 관한 발견 (이온 채널의 구조 및 기계론적 연구) |
| 2004 | 아론 치에하노베르 | 유비퀴틴 매개 단백질 분해의 발견 |
| | 아브람 헤르슈코 | |
| | 어윈 로즈 | |
| 2005 | 이브 쇼뱅 | 유기 합성에서 복분해 방법 개발 |
| | 로버트 그럽스 | |
| | 리처드 슈록 | |
| 2006 | 로저 콘버그 | 진핵생물의 유전 정보 전사의 분자적 기초에 관한 연구 |
| 2007 | 게르하르트 에르틀 | 고체 표면의 화학 공정 연구 |

| 연도 | 수상자 | 업적 |
|---|---|---|
| 2008 | 시모무라 오사무 | 녹색 형광 단백질(GFP)의 발견 및 개발 |
| | 마틴 챌피 | |
| | 로저 첸 | |
| 2009 | 벤카트라만 라마크리슈난 | 리보솜의 구조와 기능 연구 |
| | 토머스 스타이츠 | |
| | 아다 요나트 | |
| 2010 | 리처드 헥 | 유기 합성에서 팔라듐 촉매 교차 결합 연구 |
| | 네기시 에이이치 | |
| | 스즈키 아키라 | |
| 2011 | 단 셰흐트만 | 준결정의 발견 |
| 2012 | 로버트 레프코위츠 | G 단백질의 결합 수용체 연구 |
| | 브라이언 코빌카 | |
| 2013 | 마르틴 카르플루스 | 복잡한 화학 시스템을 위한 멀티스케일 모델 개발 |
| | 마이클 레빗 | |
| | 아리에 와르셸 | |
| 2014 | 에릭 베치그 | 초고해상도 형광 현미경 개발 |
| | 슈테판 헬 | |
| | 윌리엄 머너 | |
| 2015 | 토머스 린달 | DNA 복구에 대한 기계론적 연구 |
| | 폴 모드리치 | |
| | 아지즈 산자르 | |
| 2016 | 장피에르 소바주 | 분자 기계의 설계 및 합성 |
| | 프레이저 스토더트 | |
| | 베르나르트 페링하 | |

| | | |
|---|---|---|
| 2017 | 자크 뒤보셰 | 용액 내 생체분자의 고해상도 구조 결정을 위한 극저온 전자 현미경 개발 |
| | 요아힘 프랑크 | |
| | 리처드 헨더슨 | |
| 2018 | 프랜시스 아널드 | 효소의 유도 진화 |
| | 조지 스미스 | 펩타이드 및 항체의 파지 디스플레이 |
| | 그레고리 윈터 | |
| 2019 | 존 구디너프 | 리튬 이온 배터리 개발 |
| | 스탠리 휘팅엄 | |
| | 요시노 아키라 | |
| 2020 | 에마뉘엘 샤르팡티에 | 게놈 편집 방법 개발 |
| | 제니퍼 다우드나 | |
| 2021 | 베냐민 리스트 | 비대칭 유기 촉매의 개발 |
| | 데이비드 맥밀런 | |
| 2022 | 캐럴린 버토지 | 클릭 화학 및 생체 직교 화학 개발 |
| | 모르텐 멜달 | |
| | 배리 샤플리스 | |
| 2023 | 문지 바웬디 | 양자점(퀀텀닷)의 발견과 실용화 |
| | 루이스 브루스 | |
| | 알렉세이 에키모프 | |